作者简介

陈肇友：教授，博士生导师，四川人，1951年毕业于北京清华大学，毕业后在东北工学院（现东北大学）从事冶金物理化学教学与研究工作，1965年后在冶金工业部洛阳耐火材料研究院从事研究、开发与指导研究生工作；享受国务院政府特殊津贴。已出版的著作有：《冶金原理》、《陈肇友耐火材料论文选》、《化学热力学与耐火材料》等。

相图与耐火材料

Phase Diagrams of Refractories

陈肇友　著

北　京
冶 金 工 业 出 版 社
2023

内 容 简 介

相图在耐火材料生产、使用、研究、开发中都十分有用。书中介绍了相图的识图与用途。单元系有 SiO_2、Al_2O_3、ZrO_2、MgO、SiC、Si_3N_4；二元系有：MgO-FeO、Al_2O_3-Cr_2O_3、MgO-CaO、Na_2O-SiO_2、Al_2O_3-CaO、Al_2O_3-SiO_2、Al_2O_3-ZrO_2、CaO-ZrO_2、Fe-O、Al_2O_3-FeO_n、MgO-Al_2O_3、MgO-Cr_2O_3、MgO-SiO_2、Fe-C 等；三元系有：MgO-Al_2O_3-SiO_2、MgO-CaO-SiO_2、MgO-CaO-ZrO_2、MgO-Al_2O_3-ZrO_2、CaO-Al_2O_3-SiO_2、Al_2O_3-ZrO_2-SiO_2、Al_2O_3-SiO_2-Na_2O 等，四元系如 MgO-CaO-Al_2O_3-SiO_2 等；热力学参数图；三元交换体系如 SiAlON；含碳耐火材料；水盐系如铝酸钙与水玻璃等。

本书对广大从事耐火材料及无机非金属与相关专业如冶金、水泥、玻璃、陶瓷、化工等方面的科技工作者与大专院校学生、研究生、教师在教学、理论结合实际上很有参考价值与实际用处。

图书在版编目(CIP)数据

相图与耐火材料/陈肇友著. —北京：冶金工业出版社，2014.10（2023.7重印）
ISBN 978-7-5024-6707-4

Ⅰ.①相… Ⅱ.①陈… Ⅲ.①相图 ②耐火材料 Ⅳ.①TG113.14 ②TQ175

中国版本图书馆 CIP 数据核字（2014）第 217650 号

相图与耐火材料

出版发行 冶金工业出版社 **电　话** (010)64027926
地　址 北京市东城区嵩祝院北巷39号 **邮　编** 100009
网　址 www.mip1953.com **电子信箱** service@mip1953.com

责任编辑 卢　敏 美术编辑 彭子赫 版式设计 孙跃红
责任校对 李　娜 责任印制 禹　蕊
北京虎彩文化传播有限公司印刷
2014年10月第1版，2023年7月第2次印刷
880mm×1230mm 1/32；4.25印张；1彩页；126千字；128页
定价 38.00 元

投稿电话 (010)64027932 投稿信箱 tougao@cnmip.com.cn
营销中心电话 (010)64044283
冶金工业出版社天猫旗舰店 yjgycbs.tmall.com
（本书如有印装质量问题，本社营销中心负责退换）

前　言

多相体系的平衡状态随温度、压力、组成（浓度）变化的几何图形称为状态图或相图。相图在耐火材料开发、研究、生产与使用中都十分有用。作为耐火材料组成的主要化合物是耐火氧化物与耐火非氧化物，其熔点都甚高；但其蒸气压都很小，而且变化不大，因此可以忽略其气相，只注意其中固、液相之间的平衡以及它们的变化，所以称为凝聚体系。在凝聚体系中，由于气相的量极小，压力的影响可以忽略，因此其相图都是在大气压下进行试验制作的。但在不定形耐火材料中，则要遇到一些盐类的水溶液即水盐体系，由于水有相当大的蒸气压，此时压力的影响就不能忽略不计了。对于这类体系，最重要的是要知道盐在水中的溶解度。

“耐火材料”杂志在2013年第1至6期连载了“相图与耐火材料”；所载内容是作者应中钢集团洛阳耐火材料公司薄均、章道运、张建芳、王玉霞同志的邀请与要求，在公司进行的报告。由于相图是耐火材料工业的重要基础，对广大耐火材料工作者十分有用，现在在原报告基础上，进一步增加了一些内容，编成了本书。在完成该书时得到了我院李红霞、王守业、王战民、柴俊兰、柴剑玲等同志以及夫人薛庆都、子女陈拓林、陈拓平、陈拓莉、孙子陈川的大力支持与帮助；在出版本书时又得到了洛阳耐火材料研究院、洛阳耐火材料公司、锦州与昆明长城耐火材料公司赵文厚与刘晓燕经理的大力支持。在此向他们表示衷心的感谢！

陈肇友

2014年5月22日

目 录

1 相　　律

吉布斯导出了决定一个平衡体系热力学状态，至少需要知道的条件或变数。这一规律称为相律，又称相平衡定律。相律是多相平衡的基本规律。

相律（Phase rule）推导：

设一多相平衡体系中有 C 个组元，并分布在 P 个相中。由于在每一个相中各组元的摩尔分数之和等于1，所以要确定一个相的组成需要知道 $C-1$ 个组元的浓度。体系共有 P 个相，总共需要知道 $P(C-1)$ 个浓度变量。在平衡体系中所有各相的温度、压力都相同，因此只需知道整个体系的温度与压力2个变量。要确定该体系的状态，总共需要知道 $P(C-1)+2$ 个变量的数值。

要求解出 $P(C-1)+2$ 个变量，需要有 $P(C-1)+2$ 个方程式。

既然给定了体系是处于平衡状态，根据多相系平衡条件，任何一组元在各相（以 α、β、γ、…表示不同相）中的化学势应相等。这就等于给出了下列许多关联变量方程：

$$\begin{array}{l}\mu_1^\alpha = \mu_1^\beta = \mu_1^\gamma = \cdots \\ \mu_2^\alpha = \mu_2^\beta = \mu_2^\gamma = \cdots \\ \vdots \quad\ \ \vdots \quad\ \ \vdots \\ \mu_i^\alpha = \mu_i^\beta = \mu_i^\gamma = \cdots \\ \vdots \quad\ \ \vdots \quad\ \ \vdots\end{array}$$

对于每一个组元有 $P-1$ 个化学势相等的方程式，C 个组元共有 $C(P-1)$ 个方程式。总变量数为 $P(C-1)+2$，已有 $C(P-1)$ 个方程式，要确定该平衡体系的状态，还需要知道的方程式或条件数 f 为：

$$f = P(C-1) + 2 - C(P-1)$$

$$f = C - P + 2 \tag{1-1}$$

式中 f——自由度数（number of degrees of freedom），简称自由度；

C——组元数；

P——相数。

式（1-1）就是相律的数学表达式。

对于没有气相存在，只由液相和固相构成的凝聚体系的耐火材料来说，由于压力对平衡的影响很小，且通常是在大气压力的恒压下进行，因此可不考虑压力对平衡的影响，体系的自由度则为：

$$f = C - P + 1 \tag{1-2}$$

例如，对于二元系，$C = 2$，在恒压下，最多只能有 3 个相平衡共存：

$$0 = 2 - P + 1$$

$$P = 3$$

以下主要按组元数 C 来探讨不同体系的相图及其在耐火材料中的应用情况。

2 单元系耐火材料

在单元系 $C=1$ 中，当压力固定时，例如在常压下，由公式 $f=C-P+1$ 得 $f=1-P+1=2-P$。当 $f=0$ 时，$P=2$，即在单元系中最多只能有 2 个相平衡共存；一般是以单一的相即一种晶型存在。常见的单元系耐火材料主要有 SiO_2、Al_2O_3、ZrO_2、SiC、炭素、MgO、TiB_2、ZrB_2、硅酸二钙、$Al_2O_3 \cdot SiO_2$ 等。

2.1 二氧化硅（SiO_2）

SiO_2 存在较多的晶型，在常压下纯 SiO_2 与含有杂质离子的 SiO_2，其相关系见图 2-1。图 2-1 表明：在纯 SiO_2 的相关系中，只有石英、方石英两种晶型，其转变温度为 1050℃，没有鳞石英相；在有杂质离子（K^+、Na^+、Ca^{2+}等）存在时，才有鳞石英相出现。

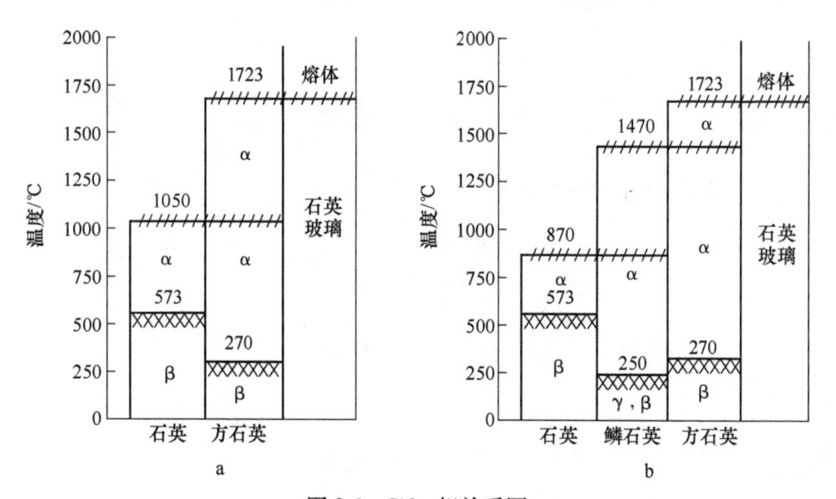

图 2-1　SiO_2 相关系图

a—纯 SiO_2；b—含有杂质离子的 SiO_2

石英存在高、低温型石英两种，即 α-石英与 β-石英。方石英也存在高、低温型方石英两种，即α-方石英与β-方石英。鳞石英有α、β、γ三种晶型。

SiO_2 晶型转变可分为两类。一类是位移型转变，另一类是重建型转变。位移型转变时不必打开结合键，只是原子的位置发生位移和 Si—O—Si 键角的稍微变化，转变时体积效应不大，但转变速度快，到了一定温度突然发生，而且是整个结晶体同时发生骤然转变；但转变是可逆的。石英及方石英的高、低温型之间的转变，鳞石英的α、β、γ晶型之间的转变都属于这一类。重建型转变时要建立新结构，势垒高，转变速度慢，往往是从晶体表面开始逐渐向内部推进，转变时伴随有较大的体积效应。石英、鳞石英与方石英之间的相互转变就属于这一类型。

常压下 SiO_2 晶型转变及转变温度如图 2-2 所示。图中双箭头表示的转变为位移型转变，是可逆的；单箭头表示的转变为重建型转变。不同晶型 SiO_2 的密度如表 2-1 所示。根据SiO_2各相的密度可以计算出各相间转变时的体积效应如表 2-2 所示。

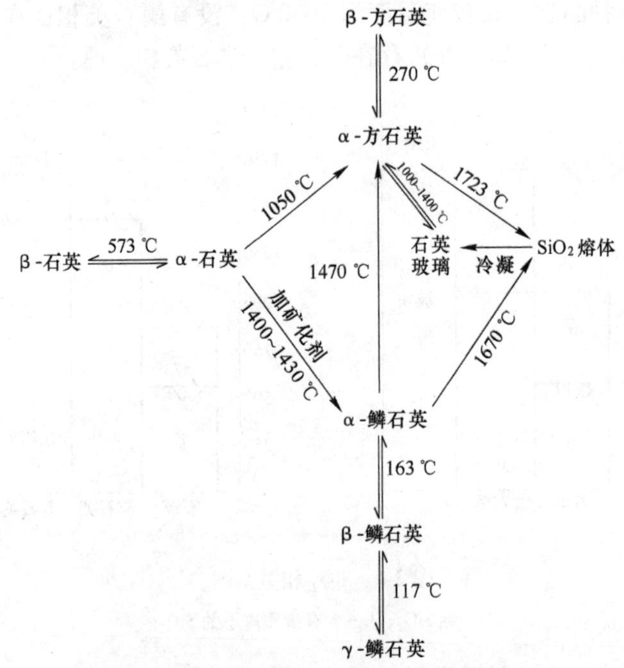

图 2-2 常压下 SiO_2 的相变关系及相变温度

表 2-1 不同晶型 SiO_2 的密度

晶　型	α-石英	β-石英	α-鳞石英	β-鳞石英	α-方石英	β-方石英	石英玻璃
密度/$g \cdot cm^{-3}$	2.533	2.544	2.228	2.242	2.29	2.30~2.34	2.203

表 2-2 SiO_2 变体间转化伴随的体积效应

项目	转化类型	温度/℃	体积变化率/%
位移型转化	β-石英→α-石英	573	+0.82
	γ-鳞石英→β-鳞石英	117	+0.2
	β-鳞石英→α-鳞石英	163	+0.2
	β-方石英→α-方石英	270	+2.18
重建型转化	α-石英→β-鳞石英	1000 870	+16.0 +12.0
	α-石英→α-方石英	1000 1200~1350	+15.4 +17.4
	α-鳞石英→α-方石英	1470	+4.7
	石英玻璃→α-方石英	1000	-0.9

从表 2-2 可知，重建型晶型转变的体积效应比位移型转变大得多。但因重建型晶型转变速度慢，时间长，因此体积效应产生的影响不突出。而位移转变虽然体积效应小，但由于转变速度快，易造成开裂，影响产品质量与使用寿命。在各种 SiO_2 变体的高低温型转变中，鳞石英之间晶型转变的体积效应比方石英之间的要小得多，前者为 0.2%，后者为 2.18%。此外，鳞石英具有矛头双晶相互交错的网络结构，对提高硅砖的强度有好处。因此，在硅砖生产中要加入矿化剂（如 FeO、CaO）来促进鳞石英的生成，而硅砖的烧成温度也应选在鳞石英稳定存在的温度区间 1400~1430℃。

SiO_2 除在常压下存在上述变体（晶型）外，在高压下还存在一些结构紧密的晶型，例如柯石英、超石英以及杰石英等。

SiO_2 在高温下熔融，其熔体的黏度很大：1700℃时为 3MPa · s，1550℃时为 50MPa · s；因此其在高温下的抗侵蚀冲刷性很好。可以将石英玻璃粉碎后作为原料，经成型与烧成制成各种石英玻璃烧成制品，一般称之为熔融石英陶瓷或称石英玻璃陶瓷。熔融石英陶瓷的线膨胀系数很小，为0.54×10^{-6}℃$^{-1}$，抗热震性很好；而且由于熔融石英陶瓷不透明，其导热性差。因此，熔融石英陶瓷可用来做连续铸钢的浸入式水口等。

一些耐火无机材料的线膨胀系数如表2-3所示。

表2-3 一些无机材料的线膨胀系数 （K^{-1}）

材料	线膨胀系数		平均线膨胀系数
	垂直于 *C* 轴	平行于 *C* 轴	
刚玉	8.3×10^{-6}	9.0×10^{-6}	8.8×10^{-6}
MgO	—	—	13.5×10^{-6}
莫来石	4.5×10^{-6}	5.7×10^{-6}	5.3×10^{-6}
石英	14×10^{-6}	9×10^{-6}	—
石墨	1×10^{-6}	27×10^{-6}	—
Al_2TiO_5	-2.6×10^{-6}	11.5×10^{-6}	—
SiC	—	—	4.7×10^{-6}
ZrO_2	—	—	10×10^{-6}
B_4C	—	—	4.5×10^{-6}
TiC	—	—	7.4×10^{-6}
石英玻璃	—	—	0.5×10^{-6}

2.2 氧化铝（Al_2O_3）

Al_2O_3 有α、γ、η、δ、θ、κ、ρ、χ等晶型。外界条件改变时，其晶型会发生转变。在 Al_2O_3 的这些变体中，只有 α-Al_2O_3（刚玉）是稳定的，其他晶型都是不稳定的，加热时都将转变成 α-Al_2O_3。在 α-Al_2O_3 晶体中，氧离子呈六方最紧密排列，铝离子规则地填充在氧离子空隙中，质点间距小，结构牢固，不易被破坏。α-Al_2O_3 的密度为3.99g/cm^3。

除刚玉外，常见的 Al_2O_3 晶型还有 γ-Al_2O_3。γ-Al_2O_3具有面心立方晶格，属于有缺陷的尖晶石结构，即某些四面体的空隙没有被充填，因而 γ-Al_2O_3 的密度较刚玉小，为 3.65g/cm^3。各种 $Al(OH)_3$ 加热脱水时，在 450℃左右形成 γ-Al_2O_3。γ-Al_2O_3 加热到较高温度时转变为刚玉，但这种转变要在 1000℃以上温度时转化速度才比较大。

氧化铝的其他一些不稳定晶型也都是 $Al(OH)_3$ 在不同条件下加热脱水时形成的。ρ-Al_2O_3 是 Al_2O_3 变体中结晶最差的，应为无定形态，但也有人认为它是介于无定形与晶态之间的过渡态。ρ-Al_2O_3 是 Al_2O_3 各种形态中唯一在常温下能自发水化的形态，其比表面积大，表面能高，活性大，与水发生反应：

$$\rho\text{-}Al_2O_3+3H_2O \longrightarrow Al_2O_3 \cdot 3H_2O \text{（三羟铝石）}$$

$$\rho\text{-}Al_2O_3+(1\sim2)H_2O \longrightarrow Al_2O_3 \cdot (1\sim2)H_2O\text{（勃姆石凝胶）}$$

从而产生结合作用。但用单一 ρ-Al_2O_3 结合的浇注料，因在中温阶段水化物脱水而使原结合结构被破坏，强度会下降。因此，采用 ρ-Al_2O_3 做结合剂时，最好同时加入能提高中温强度的辅助结合剂。

β-Al_2O_3（密度为 3.31g/cm^3）不是纯的 Al_2O_3，其化学式为 $R_2O \cdot 11Al_2O_3$（R 代表 K^+、Na^+等离子），不属于 Al_2O_3 一元系；但由于 β-Al_2O_3 开始发现时忽视了 Na_2O、K_2O 等的存在，被误认为是 Al_2O_3 的一种变体，因此采用了 β-Al_2O_3 这一名称，并沿用至今。当刚玉处于高温和碱金属氧化物条件下，刚玉即可转变成 β-Al_2O_3，而 β-Al_2O_3 在高温下也会逸出碱金属氧化物而转化为刚玉。

Al_2O_3 熔点较高（2045℃），化学稳定性很好。由 Al_2O_3 制作的氧化铝陶瓷制品具有很好的高温性能，使用温度可达 1800℃。Al_2O_3 可制作成坩埚、高温炉管、高温金属液体输送管以及绝缘材料等。

2.3 氧化锆（ZrO_2）

ZrO_2 有单斜、四方和立方三种晶型，其晶型转变温度如下：

$$\underset{\text{（单斜）}}{m\text{-}ZrO_2} \underset{950\sim1000℃}{\overset{1100\sim1200℃}{\rightleftharpoons}} \underset{\text{（四方）}}{t\text{-}ZrO_2} \overset{\text{约 }2370℃}{\rightleftharpoons} \underset{\text{（立方）}}{c\text{-}ZrO_2} \overset{2680℃}{\rightleftharpoons} \text{液相}$$

加热时，m-ZrO_2 向 t-ZrO_2 转变的温度通常在 1100～1200℃之间。冷却时，四方相（t-ZrO_2）转变为单斜相（m-ZrO_2），由于新相晶核形成困难，因此转变温度有滞后现象，为 950～1000℃。四方 ZrO_2 与单

斜 ZrO_2 之间的晶型转变是位移式转变，由于这一转变与碳素钢中进行的奥氏体与马氏体相变极为相似，所以 ZrO_2 的这一相变常称为马氏体相变。马氏体相变可因所受应力、应变或形成固溶体而被加强或抑制。

ZrO_2 三种晶型的密度：m-ZrO_2 为 5.826g/cm^3，t-ZrO_2 为 6.10 g/cm^3，c-ZrO_2 为 6.27g/cm^3。据此可计算出 t-ZrO_2 与 m-ZrO_2 之间转变时的体积效应为：

$$\frac{\Delta V}{V} \times 100 = \left[\left(\frac{1}{5.826} - \frac{1}{6.10}\right) \Big/ \frac{1}{6.10}\right] \times 100 = +4.7\%$$

可见，冷却时由 t-ZrO_2 转变为 m-ZrO_2，伴随着 4.7%的体积膨胀。同时，由于这种位移式转变的速度很快，因此会导致制品开裂。任何含 ZrO_2 材料的生产与使用都会涉及 t-ZrO_2 与 m-ZrO_2 之间的晶型转变问题。对于含 ZrO_2 的电熔与熔铸材料，由于 ZrO_2 晶粒发育较大，四方相与单斜相间的转化无法抑制，为了避免材料开裂，只有靠材料中形成的一定量玻璃相来缓冲相变造成的应力。

把 MgO、CaO、Y_2O_3 或 La_2O_3 等加入到 ZrO_2 中，可与 ZrO_2 形成固溶体而避免制品冷却时开裂。在抑制 ZrO_2 晶型变化的稳定剂中，以 Y_2O_3 为最好。从图 2-3 所示 ZrO_2-Y_2O_3 相图可以看出，ZrO_2-Y_2O_3 形成立方固溶体的稳定存在温度区间很大，ZrO_2 中溶解 12% 的 Y_2O_3，其形成的立方固溶体直到 300℃时还能稳定存在。

ZrO_2 具有高达 2680℃的熔点，在氧化性气氛中很稳定，而且在一定温度范围可由绝缘体转变为导电体，因此氧化锆可以制成发热元体。氧化锆发热元体的优点是使用时不需要保护气氛，可直接在空气中使用。当加入少量低价氧化物如 MgO、CaO 或 Y_2O_3 到 ZrO_2 中，经高温处理，低价离子会部分置换 ZrO_2 中的锆离子 Zr^{4+}，为保持电性中性，就会形成氧离子空位，从而使 ZrO_2 陶瓷具备了传递氧离子的能力。因此，ZrO_2 成了能传导氧离子的高温陶瓷，用于高温燃料电池和测氧用的探头。

2.4 碳化硅（SiC）

SiC 化学稳定性好，密度一般在 3.17~3.42g/cm^3，莫氏硬度为

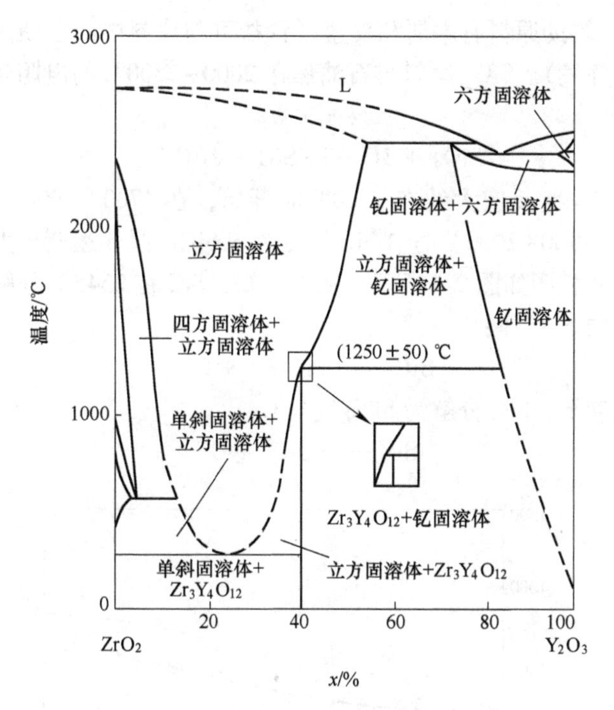

图 2-3 ZrO_2-Y_2O_3 相图

9.2。SiC 在大气中 2050℃开始分解，在还原气氛下 2600℃开始分解。碳化硅按其结晶类型可分为六方晶系（α-SiC）和立方晶系（β-SiC）。六方晶系又因其结晶排列的周期性不同，有六方晶胞的晶型（2H、4H、6H 等）和菱形晶胞的晶型（15R、21R、27R 等）。碳化硅具有耐高温，高温强度大，热导率高，抗热震性好，耐磨、抗冲刷，不被金属熔体润湿，抗金属蒸气侵蚀等优点。

工业碳化硅为 α-SiC 和 β-SiC 的混合物，颜色有黑、绿两种。纯净的碳化硅为无色透明，含杂质时呈黑色、绿色、蓝色及黄色。生产绿碳化硅时，要求硅质原料中 SiO_2 含量要高，杂质含量要低；生产黑碳化硅时，硅质原料中的 SiO_2 含量可稍低些。制造碳化硅质耐火材料的原料一般选用黑色碳化硅。

合成 SiC 的主要原料是以 SiO_2 为主要成分的脉石英和石英砂以及以碳为主要成分的石油焦（低档次的碳化硅则以灰分低的无烟煤

为原料），辅助原料有木屑和食盐（食盐可与原料中的杂质反应生成氯化物而挥发）。SiO_2 原料与石油焦在 2000～2500℃ 的电阻炉中通过反应：

$$SiO_2 + 3C \longrightarrow SiC + 2CO\uparrow$$

而生成 SiC。此反应大约在 1700℃ 时开始，在 1700～1900℃ 生成 β-SiC，升至 1900～2000℃ 时 β-SiC 转变为 α-SiC，晶体逐渐长大。

Si-C 系相图如图 2-4 所示。从中可知，SiC 在 2545℃ 分解为 C 和含 27%C 的 Si 熔体：

$$SiC \longrightarrow Si(液) + C$$

在更高温度下，SiC 分解为 Si 蒸气与 C：

$$SiC \longrightarrow Si\uparrow + C$$

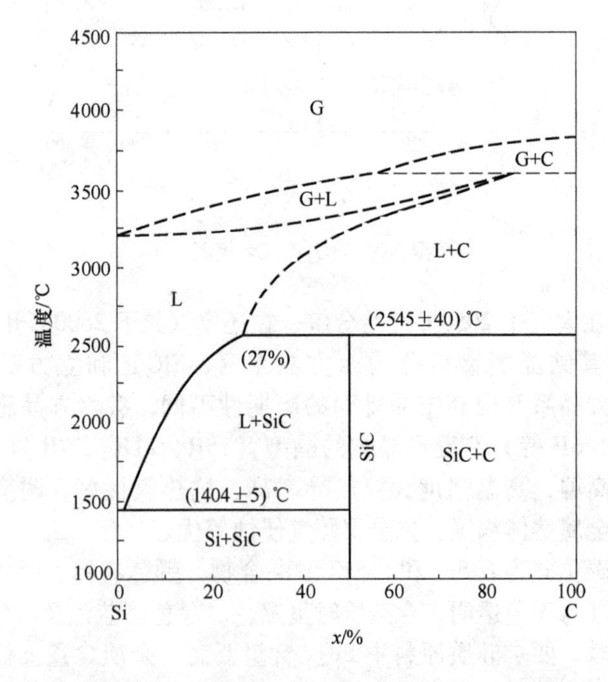

图 2-4 Si-C 系相图

碳化硅质耐火材料主要有氧化物（如黏土）结合碳化硅、Si_3N_4 结合碳化硅、Si_2N_2O 结合碳化硅、SiAlON结合碳化硅与自结合碳化硅。最早的黏土结合 SiC 成型后在 1400℃左右温度下烧成，黏土将 SiC 颗粒结合在一起；由于杂质含量较高，制品的高温性能和抗氧化性都不是很好。采用纯度较高的 SiO_2 微粉与 Al_2O_3 的混合物结合制得的氧化物结合 SiC 耐火材料，性能大大改善。不同结合 SiC 制品其抗氧化性能如图 2-5 所示。碳化硅质耐火材料最适宜于用作竖罐锌蒸馏炉炉壁，锌精馏炉的塔盘。近年来碳化硅质耐火材料已大量用于高炉炉身下部、铝电解槽的侧壁以及作为陶瓷窑炉的窑具。在耐火材料领域中，碳化硅是使用最多的非氧化物耐火原料。

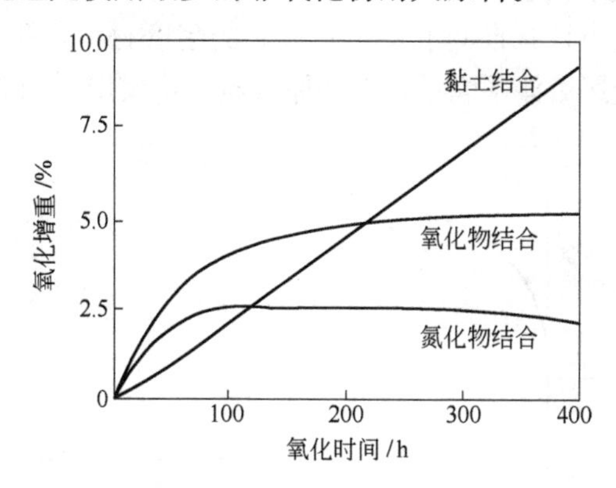

图 2-5 不同结合 SiC 制品的抗氧化性能

2.5 氮化硅（Si_3N_4）

氮化硅是一种共价键化合物，呈灰白色，常压下有两种晶型，α-Si_3N_4（颗粒状晶体）和 β-Si_3N_4（长柱状或针状晶体），均属六方晶系，都由［SiN_4］四面体共用顶角构成的三维空间网络。α-Si_3N_4 的晶格常数为 $a=0.77491\sim0.77572$nm，$c=0.56164\sim0.56221$nm，c/a 相对恒定。β-Si_3N_4 的晶格常数为：$a=0.7608$nm，$c=0.2911$nm，$c/a=0.383$。在 1200~1300℃氮化得到的是 α-Si_3N_4；在 1455℃左右氮化得到的是 β-Si_3N_4。α-Si_3N_4 在 1550℃可以转变成 β-Si_3N_4，再冷却时这种转变是不可逆的，因此 β-Si_3N_4 是稳定相，而 α-Si_3N_4 是一种亚稳定相。β 相是由几乎完全对称的六个［SiN_4］组成的六方环层在 c 轴方向重叠而成。而 α 相是由两层不同且有变形的非六方环层重叠而成，α 相的密度为 3.1884g/cm³，β 相的密度为 3.187g/cm³。这两个相的密度几乎相等，所以在相变过程中不会引起体积的变化。它们的平均膨胀系数较低，但 β 相的硬度比 α 相高得多；同时 β 相呈长柱状晶粒，有利于材料力学性能的提高，因此要求材料中的 β 相含量尽可能高。

Si-N 相图如图 2-6 所示。氮化硅材料的线膨胀系数很低，为 2.53×10^{-6}/℃，热导率为 18.42W/(m·K)，因此它具有优良的抗热震性，仅次于石英玻璃陶瓷。Si_3N_4 显微硬度值为 33GPa，仅次于金刚石；它的摩擦系数小且有自润滑性，是很好的耐磨材料。氮化硅对金属，尤其是有色金属熔体不润湿；在还原气氛中可使用到 1870℃。

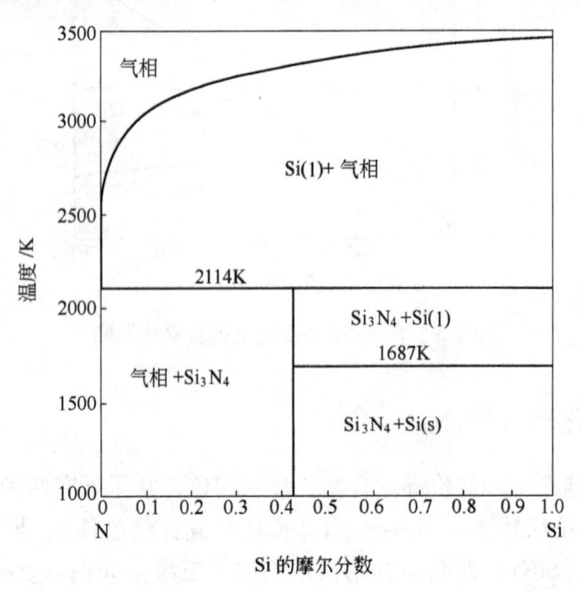

图 2-6 Si-N 相图

2.6 二硼化钛（TiB_2）

TiB_2 是同时具有共价键与金属键的化合物，其熔点为 3225℃，如图 2-7 所示。TiB_2 由于具有优良的导电性和不与 Al 液及冰晶石反应的特点，是做铝电解槽阴极的好材料。

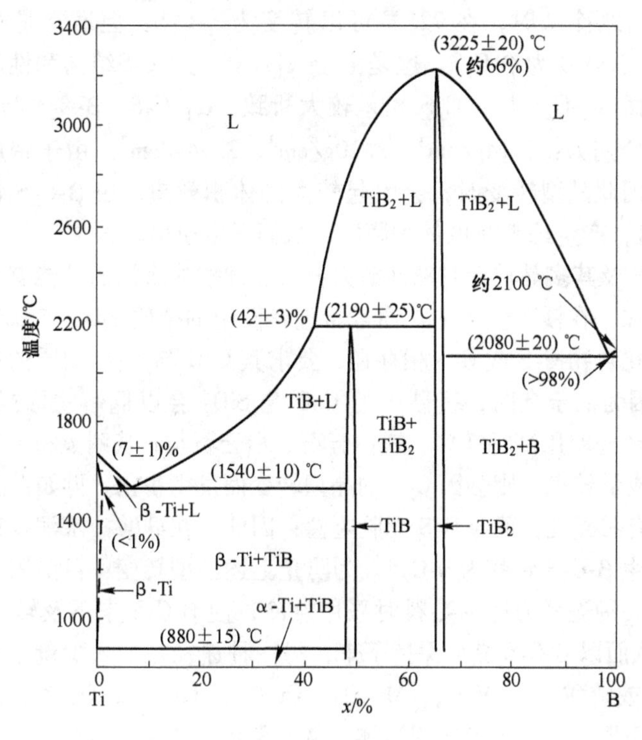

图 2-7　Ti-B 系相图

2.7　硅酸二钙（2CaO · SiO$_2$，简写为 C$_2$S）

硅酸二钙（Ca_2SiO_4 或 2CaO · SiO$_2$）有 5 种晶型：α、α$'_H$、α$'_L$、β 和 γ 型。其中 α-C$_2$S 有高温型 α$'_H$-C$_2$S 和低温型 α$'_L$-C$_2$S。5 种晶型的转变次序与转变温度如下：

$$\gamma\text{-}C_2S \underset{}{\overset{725℃}{\rightleftharpoons}} \alpha'_L\text{-}C_2S \overset{1160℃}{\rightleftharpoons} \alpha'_H\text{-}C_2S \overset{1420℃}{\rightleftharpoons} \alpha\text{-}C_2S \overset{2130℃}{\rightleftharpoons} \text{液相}$$

$$\alpha'_L\text{-}C_2S \overset{670℃}{\rightleftharpoons} \beta\text{-}C_2S \overset{525℃}{\longrightarrow} \gamma\text{-}C_2S$$

β-C$_2$S 为介稳态，β-C$_2$S 和 γ-C$_2$S 之间的转变是不可逆（单向）的转变，即只能 β-C$_2$S 转变为γ-C$_2$S，而 γ-C$_2$S 不能直接转变为 β-C$_2$S。β-C$_2$S 在 525℃（有人认为在 600℃）开始转变为 γ-C$_2$S。α$'_L$-

C_2S 平衡地冷却时，在 725℃ 可以转变为 γ-C_2S；但通常是过冷到 670℃左右转变为 β-C_2S。这是由于 α'_L-C_2S 与β-C_2S结构和性质非常相近，而 α'_L-C_2S 与 γ-C_2S 相差较大所致。α'_L-C_2S、β-C_2S 与 γ-C_2S 的密度分别为：3.14g/cm^3、3.20g/cm^3、2.94g/cm^3。由于密度相差较大，因此晶型转变时，会引起较大的体积效应。由 β-C_2S 转变为 γ-C_2S时，产生约 12%的体积膨胀，从而发生粉化。

C_2S 及其多晶转变对碱性耐火材料、硅酸盐水泥的性能有重要影响。例如：在镁砂生产中，通常希望镁砂中的杂质 SiO_2 与 CaO 能以高熔点化合物 C_2S 或 C_3S 相存在，要求其 CaO 与 SiO_2 物质的量比大于 2，因为低于 2 时，镁砂中的 CaO 与 SiO_2 会以低熔物形式存在。但在生产与使用高钙镁砂、镁白云石、白云石与石灰耐火材料时，若 C_2S 生成量较多，则会因 C_2S 的晶型转变而发生粉化。再如：由于 β-C_2S 具有胶凝性，而 γ-C_2S 无胶凝性；因此，在硅酸盐水泥生产中不希望发生 β-C_2S 转变为 γ-C_2S。为防止上述晶型转变，目前采用两种途径：一种途径为烧制熟料时采用急冷，使 β-C_2S 来不及转变为 γ-C_2S，从而以 β-C_2S 晶型保持下来；另一种途径是加入少量稳定剂如 P_2O_5（或磷酸钙）、V_2O_5、Mn_2O_3、Cr_2O_3、BaO、La_2O_3 等，使之溶入β-C_2S或 α'-C_2S 中形成固溶体，从而阻止其转变。

2.8　$Al_2O_3 \cdot SiO_2$（红柱石、硅线石、蓝晶石）

耐火材料的重要矿物原料红柱石、硅线石、蓝晶石的化学成分相同，其分子式都是 $Al_2O_3 \cdot SiO_2$。它们在常压下是不能稳定存在的，所以在 Al_2O_3-SiO_2 系平衡相图中没有它们存在的区域；但是在高压下，它们是能稳定存在的。红柱石、硅线石与蓝晶石的*P-T*曲线示意图如图 2-8 所示。

红柱石、硅线石与蓝晶石三相平衡共存的三相点，由相律知其自由度 $f=1-3+2=0$，即压力（外压）与温度应是一固定值，是不能任意改变的。根据 Jöensson 等[3] 的研究与计算，其三相点的温度大致为（530±10）℃，压力大致为（400±10）MPa。

一些红柱石、硅线石、蓝晶石精矿的化学组成分别见表 2-4。从表中可见，红柱石、硅线石、蓝晶石精矿中能促进莫来石分解的

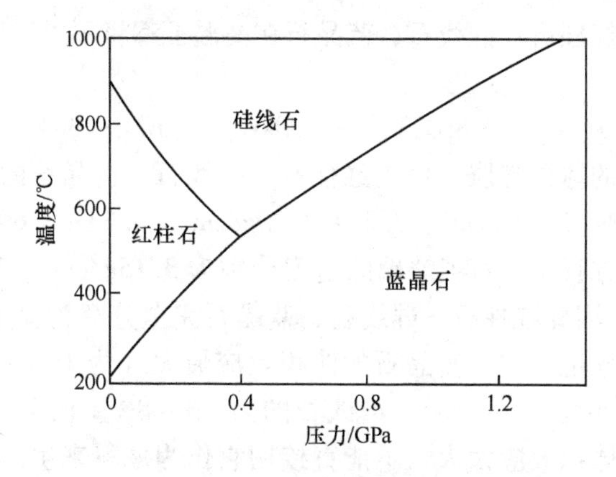

图 2-8 $Al_2O_3 \cdot SiO_2$ 的压力-温度示意相图

CaO、MgO、Na_2O、K_2O 的质量分数总和都较低，在 1.0%以下。这有利于其中莫来石相（$3Al_2O_3 \cdot 2SiO_2$）的稳定存在。

表 2-4 一些红柱石、硅线石、蓝晶石精矿的化学组成

产地及品种		质量分数/%								
		Al_2O_3	SiO_2	Fe_2O_3	TiO_2	CaO	MgO	K_2O	Na_2O	灼减
南非红柱石	一级	59.5	38.0	0.70	0.20	0.20	0.10	0.20	0.10	0.4
	二级	54.1	45.0	1.1~1.8	0.30	0.30	0.20	0.30	0.20	1.1
	三级	53.0	45.0	1.5~2.5	0.30	0.10	0.10	0.30	0.10	0.4
西峡红柱石精矿		58.0~60.3	约 37.8	0.40~1.34	0.20	0.18	0.26	0.04	0.11	0.3~0.8
鸡西硅线石精矿		57.8~60.5	约 37.6	0.70~1.70	0.30~0.90	0.29	0.32	0.03~0.21	0.04~0.21	0.5~0.8
沭阳蓝晶石精矿		58.3	35.0	1.20	1.37	0.69	0.03	0.19		2.74
隐山蓝晶石精矿		60.6	34.0	0.28	1.22	0.35	0.04	0.47	0.08	2.88

矾土矿物如三水铝石、硬水铝石（水铝石）皆为含水矿物，必须经过煅烧才能做耐火原料；而红柱石、硅线石与蓝晶石皆为不含水的天然矿物，这些矿物经粉碎、细磨、浮选后，其颗粒致密，颗粒内无空隙（气孔率几乎为零），因此干燥后即可用来制作耐火料生产制

品。然而，红柱石、硅线石、蓝晶石在高温下都将不可逆地分解为莫来石和 SiO_2：

$$3(Al_2O_3 \cdot SiO_2) \longrightarrow 3Al_2O_3 \cdot 2SiO_2 + SiO_2$$

并伴随一定的体积膨胀。由于红柱石、硅线石、蓝晶石的密度不同，分别为 3.10~3.20g/cm^3、3.23~3.30g/cm^3、3.53~3.69g/cm^3，而莫来石、α-方石英、石英玻璃的密度分别为 3.15g/cm^3、2.23g/cm^3、2.21g/cm^3，因此红柱石、硅线石、蓝晶石完全分解为莫来石与石英时的体积膨胀也不同：蓝晶石的体积效应最大（为 16%~20%），红柱石的最小（为 3%~5%），硅线石的为 7%~8%。因蓝晶石完全分解时产生的体积效应太大，不能直接用它作为原料来生产烧成制品，而是经过煅烧处理以生产莫来石原料或作为膨胀剂加入到不定形耐火材料或不烧砖中，以抵消制品在高温使用中产生的收缩。

3 二元系相图与耐火材料

3.1 二元共晶状态图——液态完全互溶，固态完全不互溶

3.1.1 二元共晶状态（即二元低共熔点状态图）

图 3-1 所示为二元共晶状态图。图中：曲线 T_AET_B 以上区域为液相溶液（L）区，曲线 T_AE 与 T_BE 为液相线，也分别是纯物质 A 与 B 的饱和溶解度曲线；T_A、T_B 为纯物质 A 与 B 的熔点，T_E 为共晶温度或低共熔点，冷至此温度时，将从液体中同时析出 A 与 B 晶体，即 $L \rightleftharpoons A+B$。

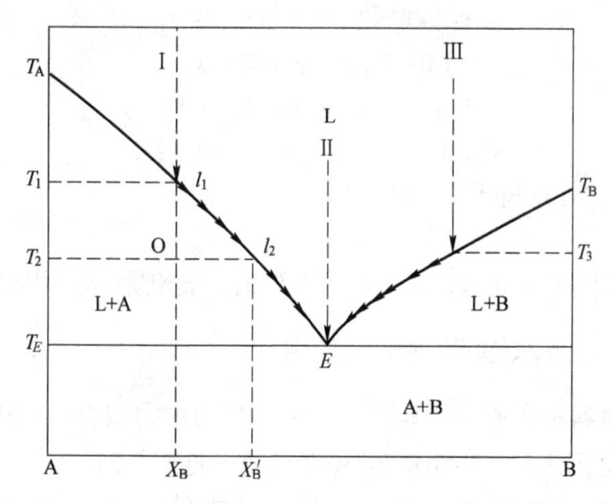

图 3-1 二元共晶状态图

液相的组成不同，开始析出晶体 A 或 B 的温度也不同。例如：组成为 I 的 A+B 构成的熔体冷却至 l_1 即温度 T_1 时，开始析出 A 晶体；冷至温度 T_E 时，则会同时析出组成相当于 E 的 A+B 共晶。

如果将不同组成的固态混合物加热，开始出现液相的温度都是

T_E，但完全熔化为液相的温度则不相同。例如，相当于组成Ⅲ的 A+B 晶体的混合物，其开始熔化温度为 T_E，而完全熔化的温度则是 T_3。

组成为Ⅰ的 A+B 液体溶液冷至 l_1 的 T_1 时，开始析出 A 晶体，继续冷却，则不断析出 A 晶体；冷至温度 T_2 时，液相组成为 l_2，固相仍为继续析出的 A 晶体。此时一共析出的 A 晶体与剩下的液相各为多少？这可由杠杆原理算出。

3.1.2 杠杆原理

设图 3-1 中组成为Ⅰ的试样质量为 W 克，B 的含量为 X_B，当冷至温度 T_2 时，一共析出了 W_A 克的纯 A，剩下的液体 l_2 为 $W_{液}$ 克，则

$$W = W_A + W_{液}$$

根据 B 的质量平衡，剩下液体中含 B 若为 X'_B，则

$$W \cdot X_B = W_{液} \cdot X'_B$$

$$W_{液}/W = X_B/X'_B = OT_2/T_2l_2 \tag{3-1}$$

又因

$$(W - W_A) \cdot X'_B = W \cdot X_B$$

则

$$W \cdot (X'_B - X_B) = W_A \cdot X'_B$$

$$W_A/W = (X'_B - X_B)/X'_B = Ol_2/T_2l_2 \tag{3-2}$$

由式（3-1）与式（3-2）得：

$$W_{液} \cdot Ol_2 = W_A \cdot OT_2 \tag{3-3}$$

式（3-3）即为杠杆定理，即：在温度 T_2 时，液相量×Ol_2=固相量×OT_2。

3.1.3 具有二元共晶的相图及其应用

耐火材料中常遇到的具有二元共晶相图的类型有 Na_3AlF_6-Al_2O_3 系相图（见图 3-2）和 SiO_2-B_2O_3 系相图（见图 3-3）。

通过熔盐电解法获得 Al 时，熔盐的主要成分是冰晶石（Na_3AlF_6）和 Al_2O_3，实际电解温度在 960～970℃，Al_2O_3 质量分数控制在 8%～10%。提高电解质中 Al_2O_3 的含量对电解制取 Al 是有利的。但从图 3-2 所示的 Na_3AlF_6-Al_2O_3 相图看，Al_2O_3 的量若稍高一点，电解温度就要高很多。这样就会消耗更多电能，很不经济。而且，如果 Al_2O_3 的含量大于共晶点时的含量，则一旦电解槽温度稍有

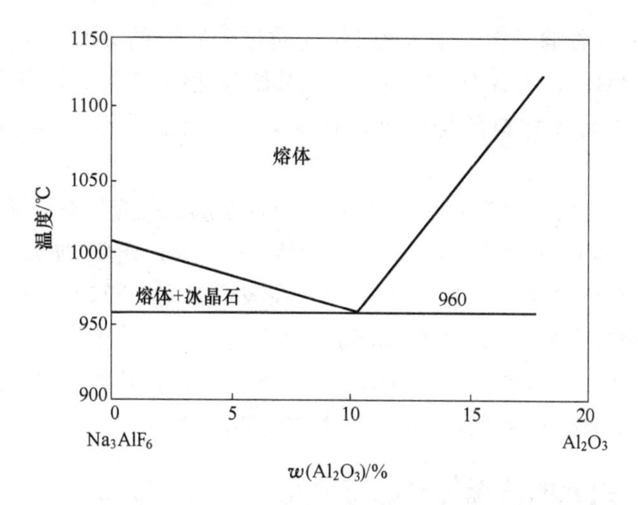

图 3-2 Na_3AlF_6-Al_2O_3 二元相图

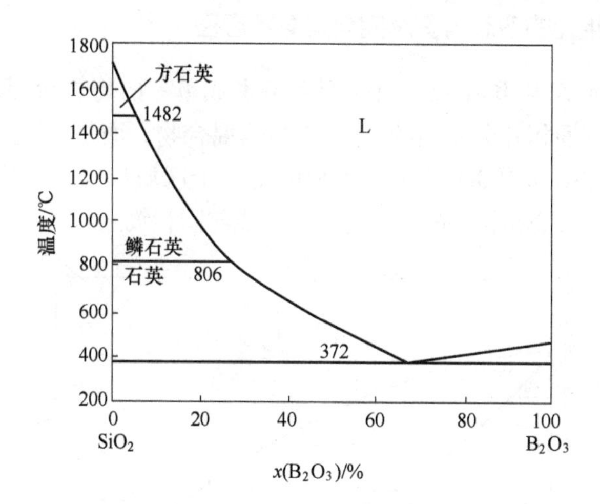

图 3-3 SiO_2-B_2O_3 二元系相图

所降低，熔盐中的 Al_2O_3 便过饱和，Al_2O_3 就很容易以固态形式沉淀在电解槽底（阴极），这对电解很有害。电解过程应控制在图 3-2 中熔体+冰晶石的组成区域之内，因为电解槽炉膛中本来就沉淀有固体冰晶石。

从图 3-3 所示 SiO_2-B_2O_3 二元相图中可看出：（1）B_2O_3 对 SiO_2

的熔化温度影响很大，加入约 5%（质量分数）的 B_2O_3，熔点就下降至1482℃；（2）B_2O_3 与 SiO_2 的低共熔温度仅 372℃，因此以 B_2O_3 做 SiO_2 质耐火材料的烧结剂，在 372℃ 的低温下就会出现液相而烧结。

既然如此，为何一般熔化铸铁或有色金属的感应炉炉衬还是采用加入硼酐即 B_2O_3 为烧结剂呢？其原因是：（1）B_2O_3 加入量不多，一般在 2%（质量分数）左右；（2）在较低温度（372℃）就出现液相，可进行烧结；（3）SiO_2 玻璃为网络结构，黏滞性强，在 1730℃ 时的黏度约为 2MPa · s，而 B_2O_3 也为网络结构，其加入量较少时不会对 SiO_2 玻璃的网络结构造成较大的破坏。

3.2 二组元的液态与固态完全互溶

3.2.1 二组元的液态与固态完全互溶状态图

二组元 A 与 B 在液态时完全互溶形成单一的均质液相，而在低温凝固后其固相并非单纯的 A 与 B 晶体混合物，而是 A 与 B 的固相溶液。其相图如图 3-4 所示，该相图由三个区域构成，即液态溶液、固态溶液、液态溶液+固态溶液。液相线与固相线之间为二相平衡共

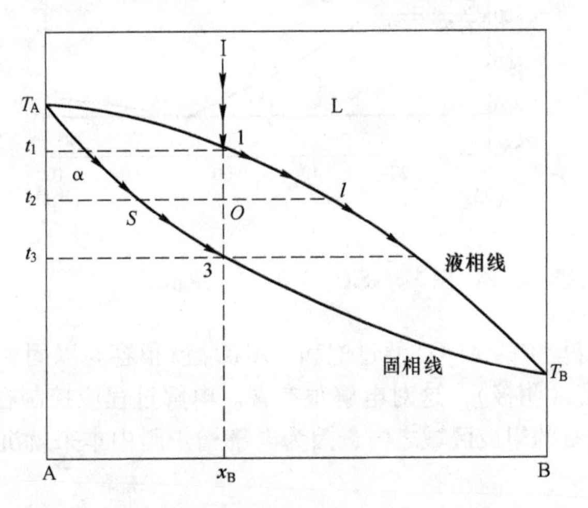

图 3-4 形成连续固溶体的二元系相图

存的两相区，即液态溶液与固态溶液；平行于组成的连接二共轭相关系的液相组成与固相组成的线称为结线，如图中的 *SOl* 线。在两相区内，不管在什么温度下，液相组成中总是有较多的低熔点组元 B。

组成为 X_B 的液态溶液Ⅰ，冷却至1的温度 t_1 时，开始析出组成为 α 的固溶体；继续冷却，液态溶液组成沿液相线变化，固溶体组成沿固相线变化；冷却至温度 t_2 时，固溶体量与液态溶液量可由杠杆原理（即固溶体量×*OS*＝液态溶液量×*Ol*）算出；冷至3的温度 t_3 时完全凝固，此时固溶体的组成为 X_B。

3.2.2 能形成连续固溶体的 MgO-FeO 系与 Al_2O_3-Cr_2O_3 系二元相图（铬刚玉质耐火材料）

MgO-FeO 系与 Al_2O_3-Cr_2O_3 系二元相图如图 3-5、图 3-6 所示。铬刚玉质耐火材料就是这一类型的相图。

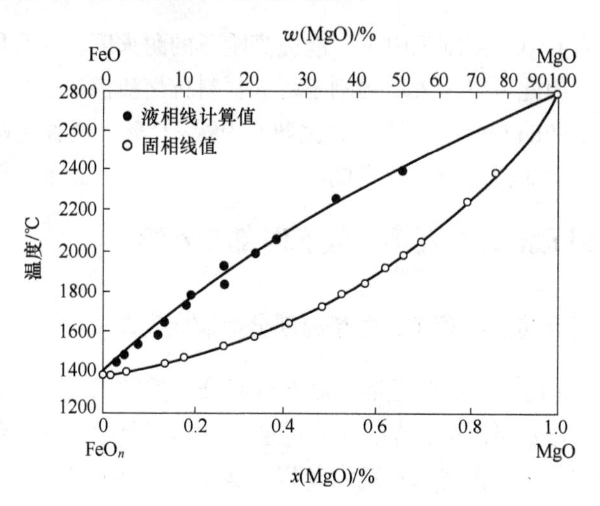

图 3-5 MgO-FeO 系相图

从图 3-5 可知，由于 MgO 与 FeO 能形成连续固溶体，即使 MgO 材料中吸收了质量分数为 20%的 FeO，其熔点仍高达 2700℃，因此 MgO 质耐火材料能抗含 FeO 高的有色金属冶炼渣与炼钢炉渣的侵蚀。从图 3-6 可知，Cr_2O_3 熔点很高，由于 Al_2O_3 与 Cr_2O_3 能形成连续固

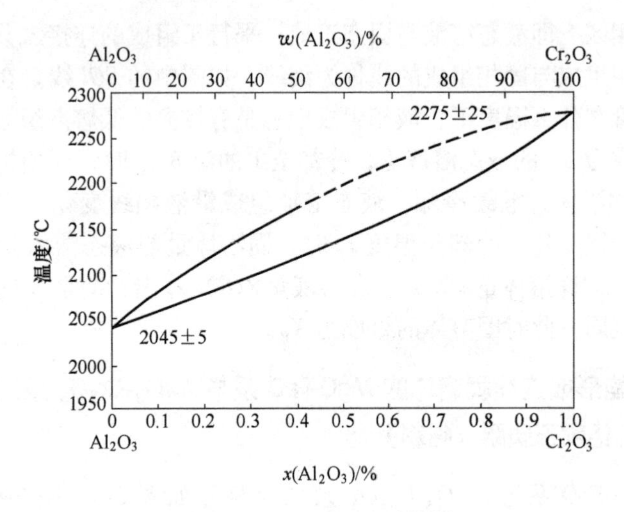

图 3-6 Al_2O_3-Cr_2O_3 系相图

溶体，加入 Cr_2O_3 到刚玉中不仅能提高刚玉的耐火度，而且能提高溶液的黏度，因此可以大大增强刚玉耐火材料抗熔渣渗透的能力。

铬刚玉砖的 Cr_2O_3 质量分数大致在 9%～15%。这种砖的抗熔融煤渣侵蚀性能比低硅刚玉砖更优。

3.3 二组元液态时互溶，固态时部分互溶

3.3.1 二组元液态时互溶，固态时部分互溶状态图

图 3-7 示出了液态时互溶，固态时部分互溶的二元状态图。在 A 中能溶入一定量 B，B 中能溶入一定量 A 的情况是很多的，绝对不互溶却是很少的。A 中溶入一定量 B 以 α 固溶体表示，B 中溶入一定量 A 以 β 固溶体表示。图 3-7 中：*DEF* 为共晶线，T_AE 与 T_BE 为液相线，T_ADGA 为 α 固溶体的存在区域，T_BFHB 为 β 固溶体的存在区域。

组成为 Ⅰ 的液相溶液冷却时，其冷却过程与图 3-4 所示的完全互溶状态图类似，冷却后只有 α 固溶体一个相。组成为 Ⅱ 的液相溶液冷却时，由 1→2，从液体中析出 α 固溶体，由 2→3，α 固溶体相保持稳定；但至 3 时，α 相已呈过饱和，即溶解的 B 过多，将析出多余

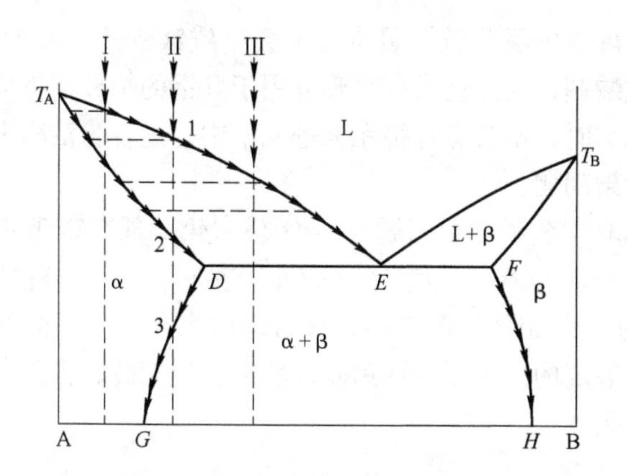

图 3-7　液态时互溶，固态时部分互溶二元状态图

的 B，而析出的 B 是按平衡图以 β 固溶体形式析出的，即此时在 α 相中开始产生 β 的晶核，并长大而析出（这种现象又称为固溶体的部分分解）；在 3 以下冷却时，β 相逐渐增多。α 相与 β 相的量可以通过杠杆原理算出。

3.3.2　液态时互溶，固态时部分互溶的 MgO-CaO 系相图（镁钙砖）

图 3-8 所示 MgO-CaO 系相图具有与图 3-7 完全相似的形状。由于

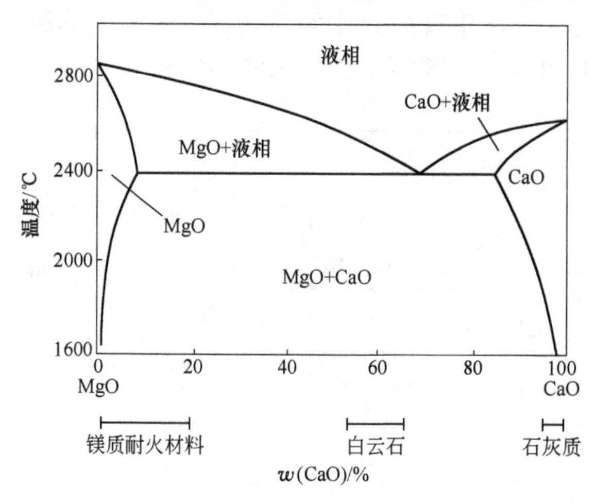

图 3-8　MgO-CaO 系相图

钢的炉外精炼渣中氧化铁含量少，不会导致镁钙砖中 CaO 生成较多的低熔点铁酸钙，因此烧成镁钙砖可用于炼钢的炉外精炼炉中。镁钙砖用于精炼炉时，不会有有害元素进入钢中，适合炼洁净钢，同时还没有环境污染问题。

MgO-CaO 材料的主要问题是 CaO 易水化。现在镁钙砖最成功的防水化方法是加入 ZrO_2，使砖中的 CaO 与 ZrO_2 反应生成高熔点 CaO · ZrO_2 化合物，从而防止了 MgO-CaO 材料的水化。欧洲的办法是采用超高温竖窑煅烧的办法生产镁钙砂，然后就近制砖，再用金属箔、塑料抽真空包装。

3.4 生成化合物的二元系相图

3.4.1 生成同分熔融化合物的二元系相图

如图 3-9 所示，A 与 B 两组分生成 A_mB_n 稳定化合物。加热时，化合物 A_mB_n 在它的熔点 T_m 处熔化时，其液态和固态有相同的组成，故称同分熔融化合物或一致熔融化合物。生成这样一种化合物的状态图可以看成是由 2 个独立的最简单的低共熔相图构成的，即 A-A_mB_n 和 A_mB_n-B 两个二元系相图构成。Al_2O_3-$AlPO_4$ 系相图就属于这一类，如图 3-10 所示。在用磷酸制作的含 Al_2O_3 的不定形耐火材料中，Al_2O_3 或 $Al(OH)_3$ 与磷酸反应会有 $AlPO_4$ 生成。

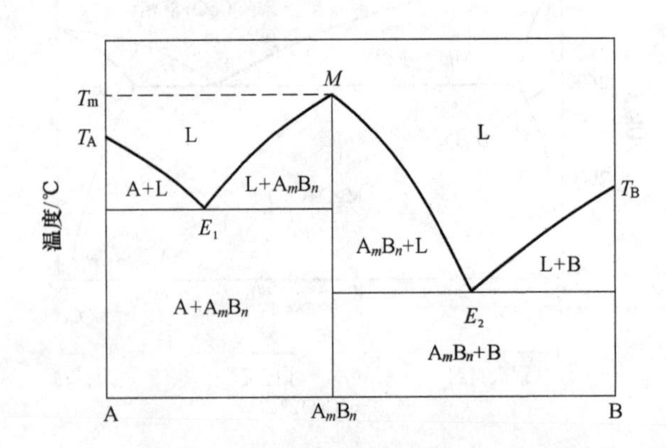

图 3-9 生成同分熔融化合物的二元系相图

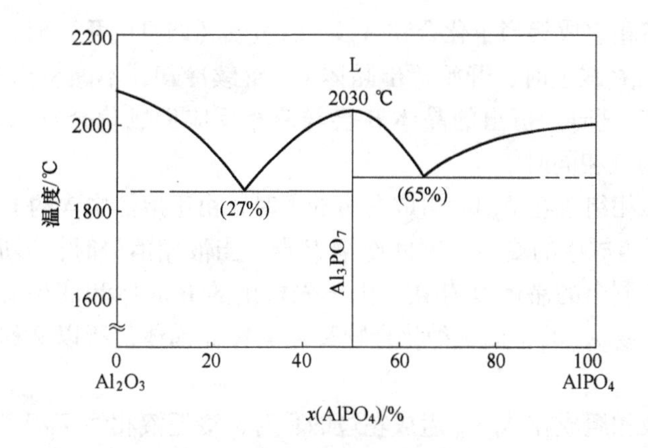

图 3-10 Al_2O_3-$AlPO_4$ 系相图

3.4.2 生成异分熔融化合物的二元系相图

如图 3-11 所示，A 与 B 生成的化合物 A_mB_n，加热时 A_mB_n 在 T_P 温度时就分解为固相 B 和组成为 P 的液相 L_P，即：$A_mB_n \xrightarrow{T_P} B_{固} + L_P$。此液相 L_P 的组成和化合物 A_mB_n 的组成完全不同，所以称为异分熔融或不一致熔融化合物。T_P 称为转熔点（或转熔温度）。

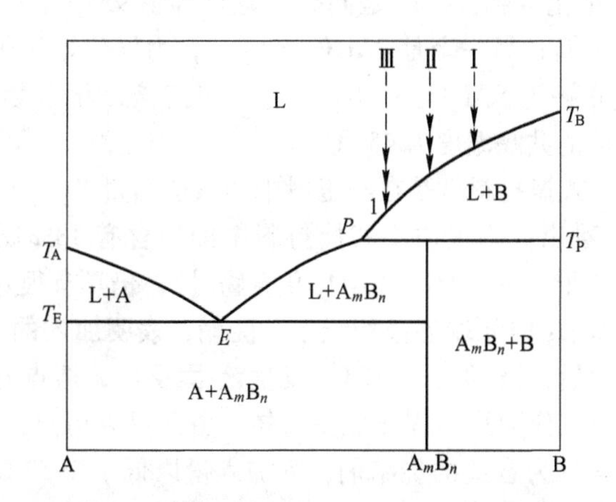

图 3-11 生成异分熔融化合物的二元系状态图

当液相组成相当于化合物 A_mB_n 的组成（即组成Ⅱ）时，冷却至液相线 T_BP 线上时，开始析出晶体 B，继续冷却，不断析出晶体 B，冷至 T_P 温度时，析出的晶体 B 会与液相反应生成化合物 A_mB_n 后，晶体 B 与液相同时消失。

当液相组成在 A_mB_n 组成右边的Ⅰ时，由于熔体中含的 B 比化合物 A_mB_n 组成中的要多，因此冷至 P 点，当液相消失时，形成 A_mB_n 后还会有剩余的晶体 B 存在。由于先析出的 B 晶体和液相反应生成固体化合物 A_mB_n，而这种化合物又包围着 B 晶体，所以又称为包晶反应。

当液相组成在 A_mB_n 组成左边的Ⅲ时，冷至液相线 T_BP 线上点 1 时，开始析出晶体 B，液体组成沿 $1P$ 曲线变化，到达 T_P 温度时，便开始进行 $L_P+B \rightarrow A_mB_n$。由于液相中 B 的含量较化合物 A_mB_n 中的 B 少，因此析出的晶体 B 要完全溶解，转变成 A_mB_n，溶解后只有 A_mB_n 与 L 两相。继续冷却至 E 点温度 T_E 时，残留液体转变为共晶 $A+A_mB_n$ 析出。

3.4.3 有同分熔融化合物与异分熔融化合物的 Al_2O_3-B_2O_3 系相图及其应用

Al_2O_3-B_2O_3 二元系相图如图 3-12 所示。从图可见，Al_2O_3 与 B_2O_3 生成 2 个化合物：一个是同分熔融化合物 $9Al_2O_3 \cdot 2B_2O_3$，其熔点高达 1965℃；另一个是 $2Al_2O_3 \cdot B_2O_3$，为异分熔融化合物，在 1035℃时将分解为 $9Al_2O_3 \cdot 2B_2O_3$ 与液态溶液，化合物 $2Al_2O_3 \cdot B_2O_3$ 与 B_2O_3 的共晶温度为 450℃。

刚玉质干式捣打料就是在刚玉料中加入适当量 B_2O_3 制成的。从图 3-12 可以看出：刚玉质干式捣打料中即使含有 13%质量分数的 B_2O_3（相当于形成 $9Al_2O_3 \cdot 2B_2O_3$ 化合物时），仍具有很好的耐高温性；在靠近 B_2O_3 组元端的液相线十分陡峭，表明加入的 B_2O_3 粉在刚玉表面熔化后，随即与 α-Al_2O_3 发生液-固反应，熔点升高，将刚玉干式捣打料工作面烧结固化成一整体。由此可以得出，B_2O_3 是刚玉干式捣打料甚为合适的烧结剂，其加入量以低于 1952℃（低共熔点）时的组成为宜，即大致在 8%（质量分数）以下。

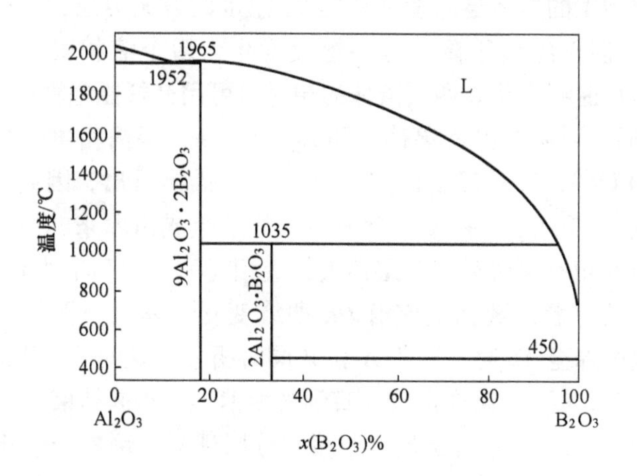

图 3-12 Al_2O_3-B_2O_3 系相图

3.5 有液相分层的二元系相图

液相分层的典型二元系相图如图 3-13 所示。图中，*CKD* 曲线是液相分层界线，在 *CKD* 曲线以外液相无分层现象，*K* 是分层消失的临界点。

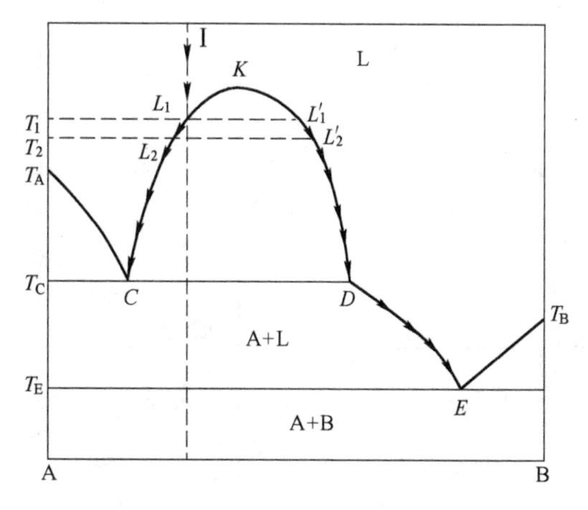

图 3-13 有液相分层的二元系相图

组成为Ⅰ的熔体当温度下降至 T_1 温度时开始分层，出现二液相 L_1 和 L'_1。温度继续下降，分层继续发生，两个液相组成点分别沿 L_1C 与 L'_1D 曲线变化。两层液体的相对量可用杠杆原理算出。当温度降至 T_C 时，开始析出 A 晶体，即 $L_C \rightarrow L_D + A$。根据相律，有 $f=C-P+1=2-3+1=0$，表示温度恒定。由于有 A 晶体析出，因此液相总组成（包括 L_C 和 L_D）中 A 含量减少，其总组成由原来的组成Ⅰ向 D 变化。当液相 C 消失后，分层消失，液相变为单相 L_D，此时 $f=2-2+1=1$。继续降温，液相组成沿 DE 曲线变化，体系中不断析出 A 晶体。当温度降至 T_E 时，固相 A 和 B 同时析出，这时 A、B 固相与液相三相共存，$f=0$，温度恒定一直到液相消失，析晶结束。

含 SiO_2 的二元系常出现这种液相分层现象。例如 SiO_2-FeO 系相图（见图 3-14）、SiO_2-Cr_2O_3 系相图（见图 3-15）、ZrO_2-SiO_2 系相图（见图 3-16）和 CaO-SiO_2 系相图（见图 3-17）。从图 3-16 所示的 ZrO_2-SiO_2 系相图中可以看出，锆英石（$ZrSiO_4$）在 1676℃会分解为四方 ZrO_2 与方石英。

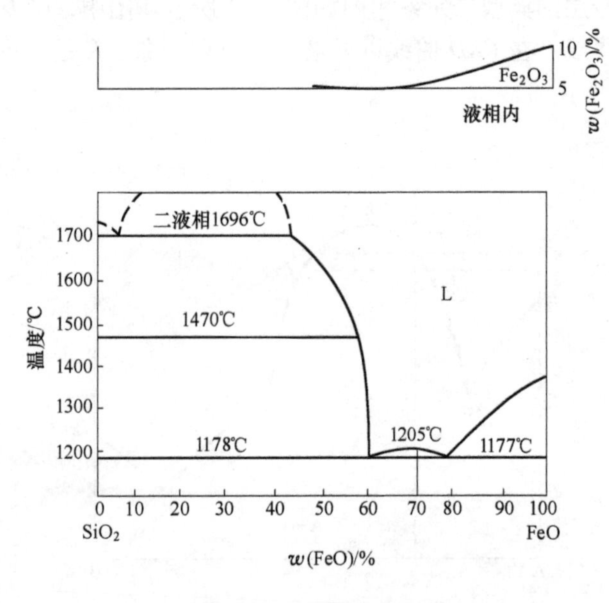

图 3-14　SiO_2-FeO 系相图

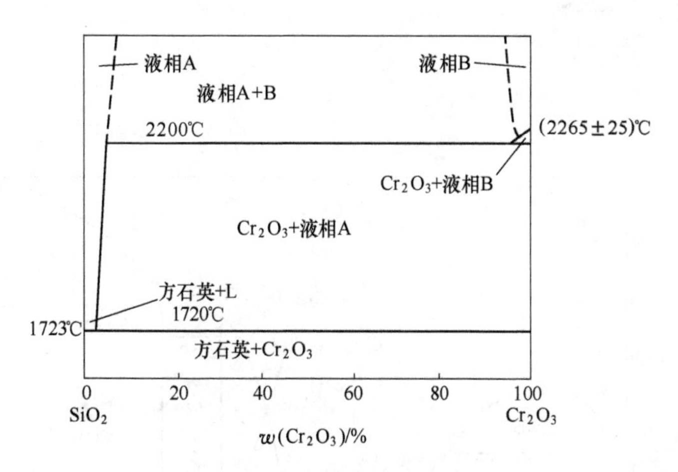

图 3-15 SiO_2-Cr_2O_3 系相图

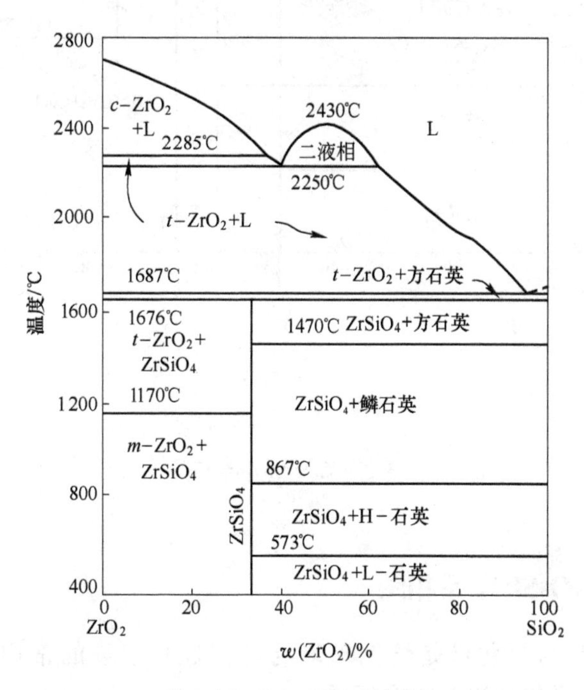

图 3-16 ZrO_2-SiO_2 系相图

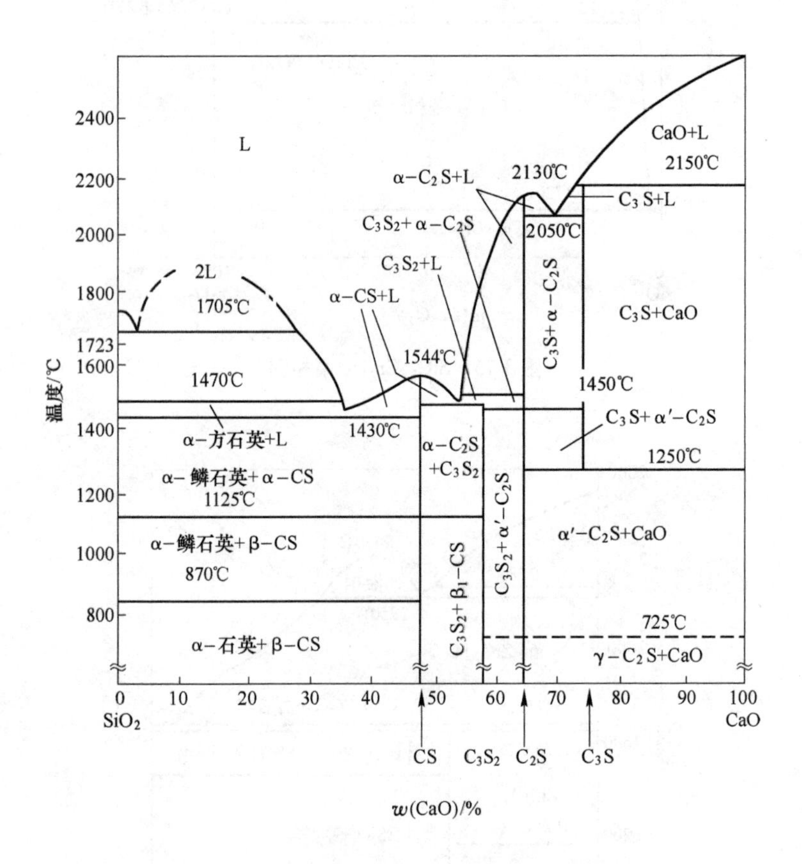

图 3-17 $CaO-SiO_2$ 系相图

3.6 Na_2O-SiO_2 系相图

氧化钠与氧化硅是熔制玻璃与可溶性水玻璃的常用氧化物。Na_2O-SiO_2 系相图如图 3-18 所示。

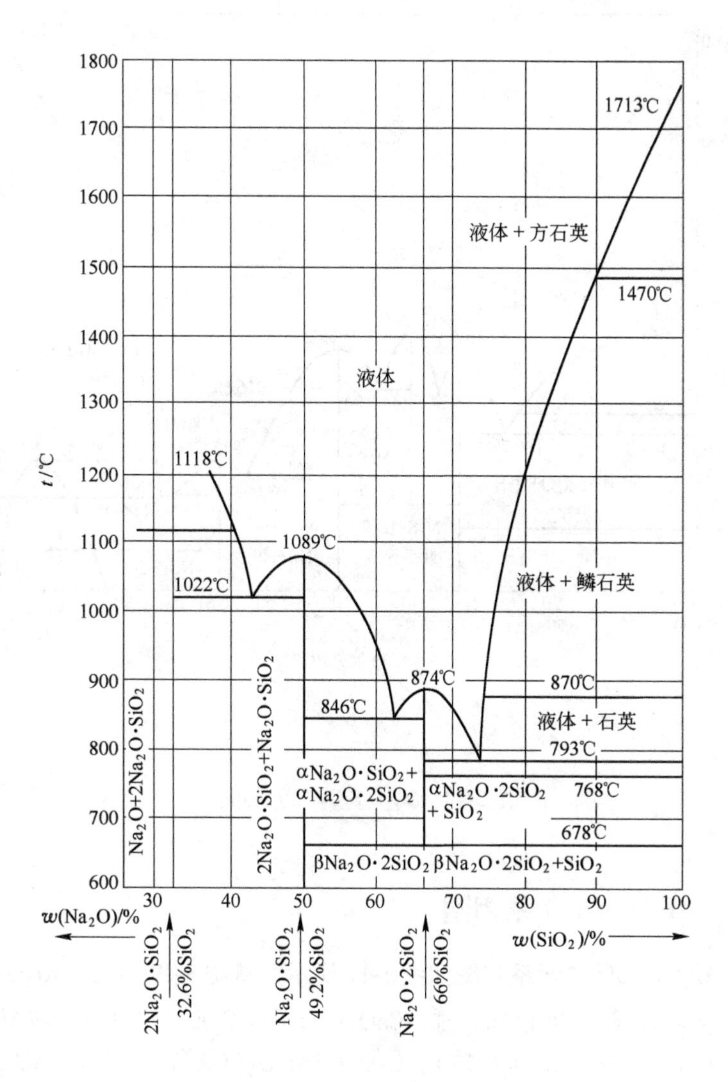
1713℃
液体＋方石英
1470℃
液体
1118℃
1089℃
1022℃
液体＋鳞石英
874℃
870℃
846℃
液体＋石英
793℃
768℃
678℃
Na_2O+$2Na_2O·SiO_2$
$2Na_2O·SiO_2$+$Na_2O·SiO_2$
$αNa_2O·SiO_2$+
$αNa_2O·2SiO_2$
$αNa_2O·2SiO_2$
+ SiO_2
$βNa_2O·2SiO_2$
$βNa_2O·2SiO_2$+SiO_2
t/℃
$w(Na_2O)$/%
$w(SiO_2)$/%
$2Na_2O·SiO_2$
32.6%SiO_2
$Na_2O·SiO_2$
49.2%SiO_2
$Na_2O·2SiO_2$
66%SiO_2

a

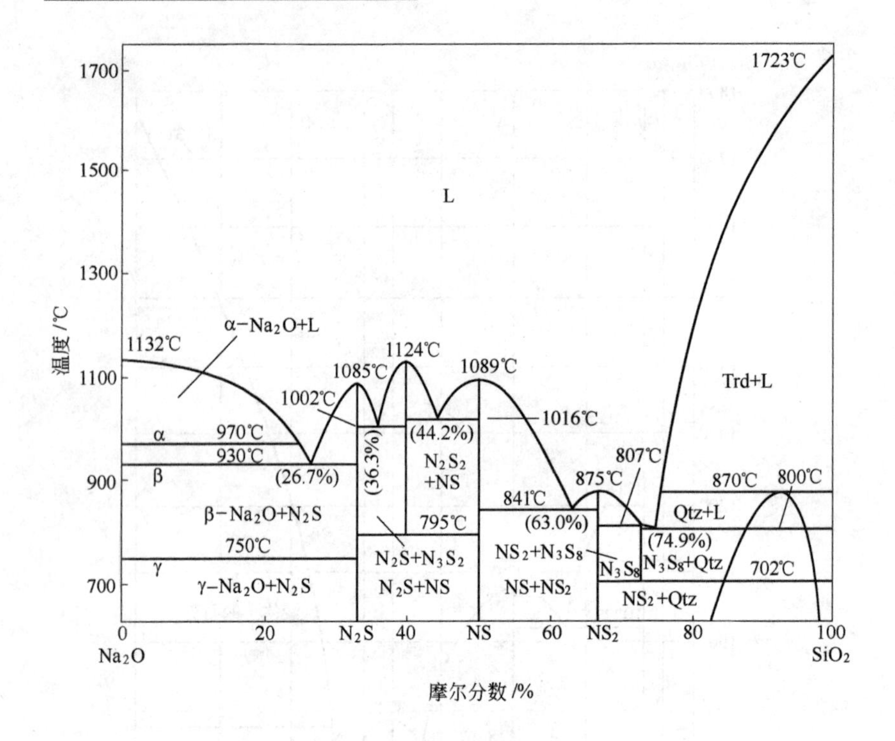

b

图 3-18 Na_2O-SiO_2 二元相图

3.7 Al_2O_3-CaO 系相图

Al_2O_3-CaO 二元系相图如图 3-19 所示。从图 3-19 可知，Al_2O_3 与 CaO 能生成多种化合物，如 $3CaO \cdot Al_2O_3$(C_3A)、$12CaO \cdot 7Al_2O_3$($C_{12}A_7$)、$CaO \cdot Al_2O_3$(CA)、$CaO \cdot 2Al_2O_3$(CA_2) 与 $CaO \cdot 6Al_2O_3$(CA_6)。铝酸钙水泥的主要矿物相是 CA 与 CA_2。

六铝酸钙（CA_6）的转熔温度高达 1903℃，耐火度甚高；而且 CaO 与 Al_2O_3 都是难还原的氧化物，因此高温下 CA_6 的化学稳定性很好，且其热导率不高。目前，六铝酸钙已成为近年来特别受到关注的新型耐火材质。

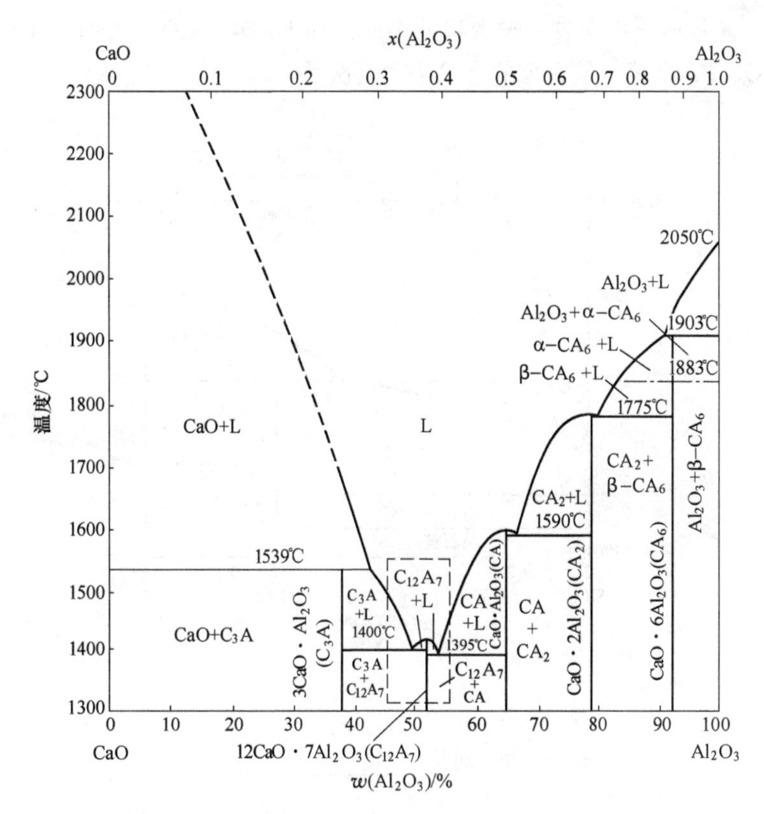

图 3-19 Al_2O_3-CaO 系相图

3.8 Al_2O_3-SiO_2 系相图

Al_2O_3-SiO_2 二元系相图如图 3-20 所示，图中 A_3S_2 代表莫来石，其化学式为 $3Al_2O_3 \cdot 2SiO_2$。图 3-20a 清楚表明了硅质、半硅质、黏土质、高铝质、莫来石质与刚玉质耐火材料的化学组成，以及所存在的矿物相与温度的关系。因此，Al_2O_3-SiO_2 系相图是 Al_2O_3-SiO_2 质耐火材料的基础。

从图 3-20b 中可看出，Al_2O_3 质量分数在 3%～15%时，熔点急剧下降，故在此组成范围内的 Al_2O_3-SiO_2 材料不能用来做耐火材料。这也是硅砖与黏土砖或高铝砖不能砌在一起直接接触使用的原因。

高铝矾土中含有一定数量的杂质，如 Fe_2O_3、TiO_2、CaO、MgO、K_2O、Na_2O 等。最有害的是 R_2O，其次是 RO。

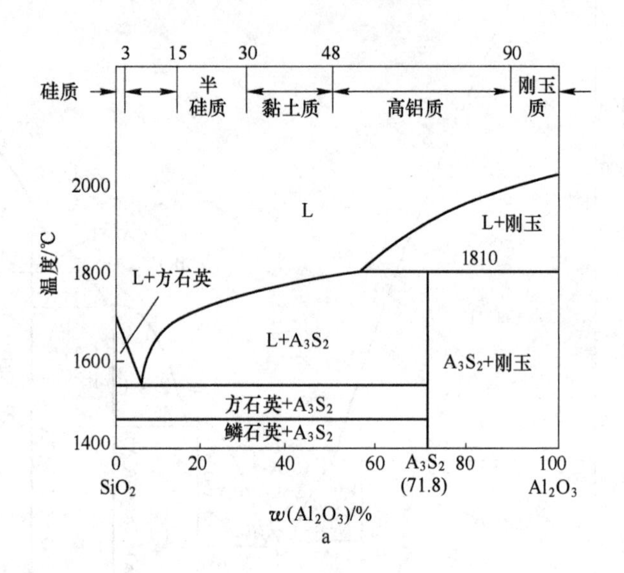

a

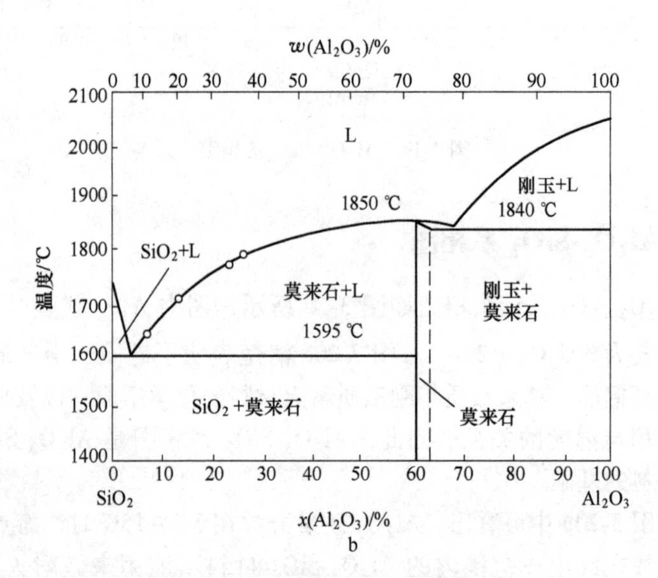

b

图 3-20 Al_2O_3-SiO_2 系相图

莫来石与碳化硅构成的耐火材料，在建材系统常被称为硅莫耐火材料。其实，硅莫材料多是以高铝矾土与碳化硅为原料制成的耐火材料。

3.9 $Al_2O_3-ZrO_2$ 系相图

图 3-21 示出了 $Al_2O_3-ZrO_2$ 系相图。从图中可以看出，虽然 Al_2O_3 与 ZrO_2 二元系具有低共熔点相图的特点，但其低共熔点温度却高达 1850℃以上，因此可用电熔法制成熔铸锆刚玉砖。熔铸锆刚玉砖主要用于玻璃熔窑。

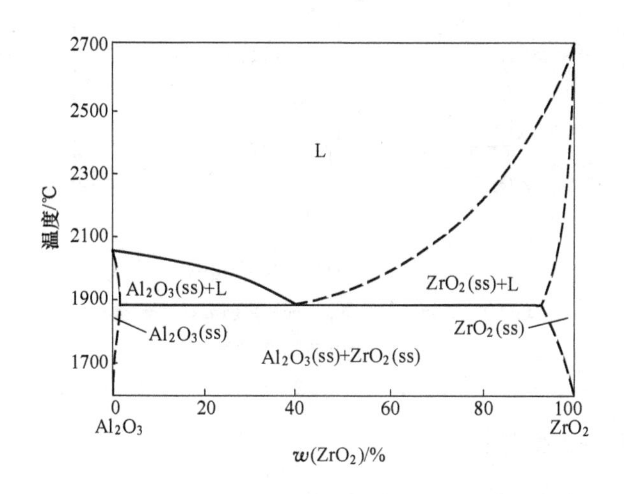

图 3-21 $Al_2O_3-ZrO_2$ 系相图

3.10 $CaO-ZrO_2$ 系相图

$CaO-ZrO_2$ 系相图如图 3-22 所示。含 CaO 材料易水化，为了提高材料的抗水化性，根据图 3-22，可采用加入 ZrO_2 形成锆酸钙（$CaO \cdot ZrO_2$）化合物的办法。例如，连铸用浸入式水口中采用的 $CaO-ZrO_2$ 材料，其 ZrO_2 质量分数稍大于 $CaO \cdot ZrO_2$ 的理论组成，$w(ZrO_2) = 68.6\%$。

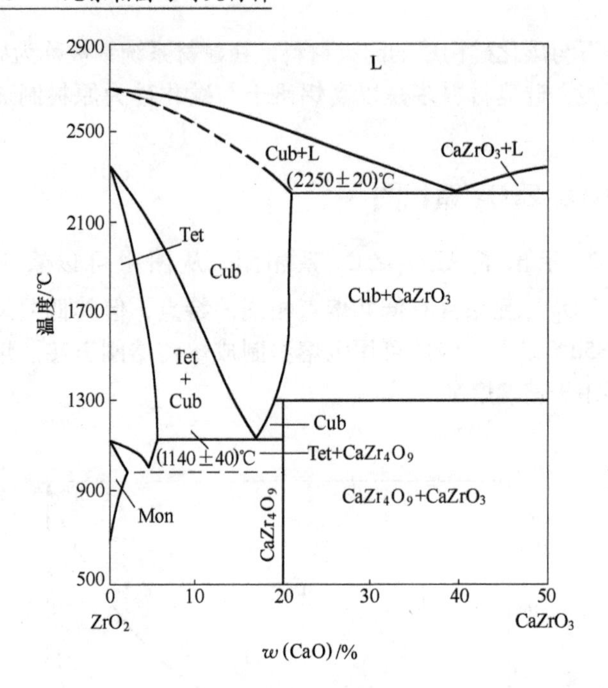

图 3-22 CaO-ZrO_2 系相图

Tet—四方 ZrO_2 固溶体；Mon—单斜 ZrO_2 固溶体；

Cub—立方 ZrO_2 固溶体

3.11 Fe-O 系相图

从 Fe-O 系平衡相图（见图 3-23）可知，并不存在分子式为 FeO 的化合物，在组成为 FeO 的右边存在一个浮氏体固溶体区域，这就是通常称为氧化亚铁相或浮氏体的组成范围。由于氧化亚铁相（浮氏体）中氧原子总是多于铁原子，因此氧化亚铁常以 $FeO_n(n>1)$ 或“FeO”来表示。

从 Fe-O 相图还可看出：低于 570℃时，浮氏体是不能稳定存在的，要分解为 Fe 和 Fe_3O_4；在 570~1371℃，与 Fe 处于平衡共存的 FeO_n 的组成随温度的关系是按图中曲线 *QLJ* 变化的；在1371℃以上，金属 Fe 与液态“FeO”平衡时，液态“FeO_n”的组成随温度的升高是按图中曲线 *QLJ* 和 *NGC* 变化的。这说明，只有在与金属 Fe（固态或液态）共存的情况下，才能保证 FeO_n 的组成在一定温度下是个定值。

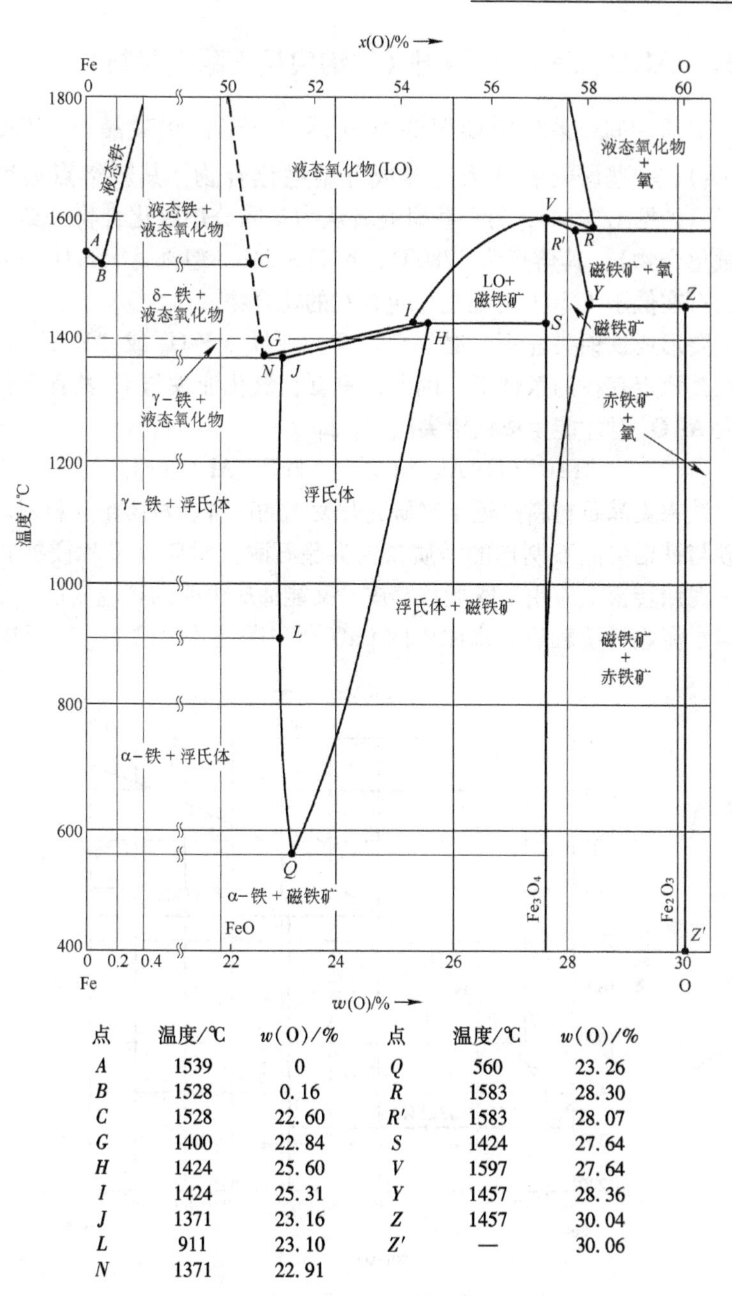

点	温度/℃	w(O)/%	点	温度/℃	w(O)/%
A	1539	0	Q	560	23.26
B	1528	0.16	R	1583	28.30
C	1528	22.60	R′	1583	28.07
G	1400	22.84	S	1424	27.64
H	1424	25.60	V	1597	27.64
I	1424	25.31	Y	1457	28.36
J	1371	23.16	Z	1457	30.04
L	911	23.10	Z′	—	30.06
N	1371	22.91			

图 3-23 Fe-O 系相图

3.12 Al_2O_3-FeO_n 系相图（铁铝尖晶石耐火材料）

Al_2O_3-FeO_n 系相图如图 3-24 所示。对于铁铝尖晶石（$FeO \cdot Al_2O_3$），一些研究者认为是异成分熔融化合物，其转熔点温度为 1750℃，见图 3-24a；另一些研究者认为是同分熔融化合物（或一致熔融化合物），其熔点为 1780℃，见图 3-24b。但都认为$FeO \cdot Al_2O_3$ 尖晶石在低于 1750℃时是能稳定存在的化合物。

要形成铁铝尖晶石，必须保证氧化亚铁（FeO_n 或“FeO”）是处在其稳定存在的条件下。因此，只有在氧化亚铁与 Fe 共存条件下加入 Al_2O_3 时才能生成铁铝尖晶石，即

$$\text{“FeO”}(l)+Al_2O_3(s)═══FeO \cdot Al_2O_3(s)$$

铁铝尖晶石材料是近年来研究开发出的一种新材质耐火材料。由镁砂与铁铝尖晶石制作的镁质铁铝尖晶石耐火材料（又称镁铁砖），在水泥回转窑上应用，既能挂窑皮，又能适应窑壳的高温变形。镁铁砖与水泥熟料接触后，水泥中的 CaO 会和镁铁砖中的 Fe_2O_3 反应生

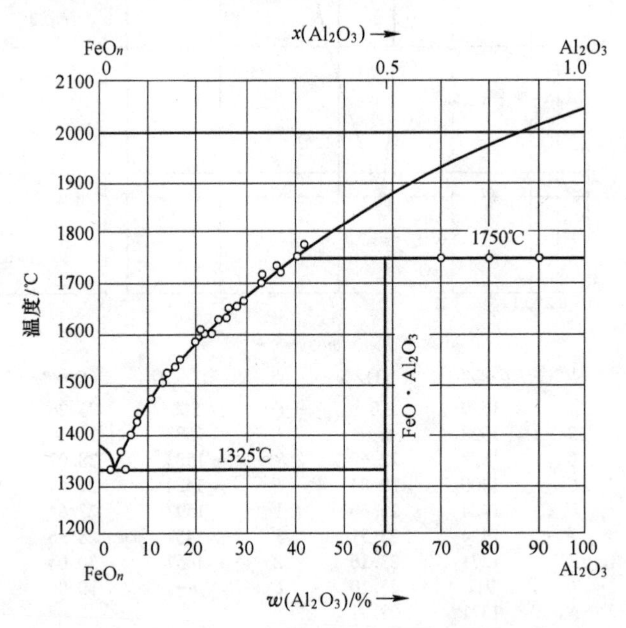

a

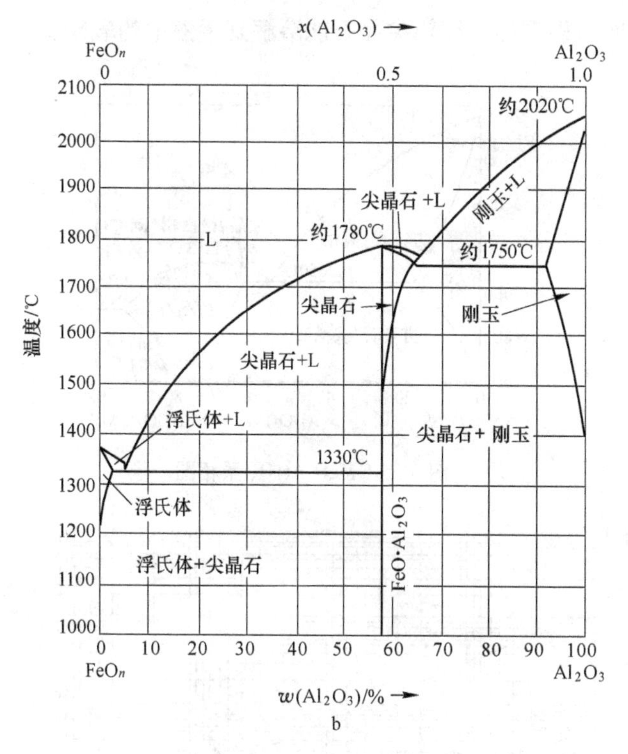

图 3-24 $Al_2O_3-FeO_n$ 系相图

成铁酸钙（$2CaO·Fe_2O_3$，即 C_2F），C_2F 的熔点较低，对方镁石有良好的润湿作用，从而使更多的水泥熟料与镁铁砖黏结在一起，就在镁铁砖上形成了坚固的窑皮。由于窑皮的保护，就避免了镁铁砖本身耐蚀能力弱、对气氛变化敏感的缺陷，从而可获得较长的使用寿命。

3.13 $MgO-Al_2O_3$ 系相图（镁铝尖晶石耐火材料）

$MgO-Al_2O_3$ 系相图如图 3-25 所示。镁铝尖晶石 $MgO·Al_2O_3$（简写成 MA）的熔点为 2135℃，其化学组成在一较大范围的固溶体区域内。

镁铝尖晶石的线膨胀系数（20～1000℃）为$7.6×10^{-6}$ ℃$^{-1}$，与刚玉的接近，比方镁石的小得多。因此，镁铝尖晶石材料抗热震性较好。选用复合氧化物做精炼钢包衬时，以选用镁铝尖晶石较好。因为从图 3-26 可以看出，镁铝尖晶石能溶解到钢液中的氧较少。

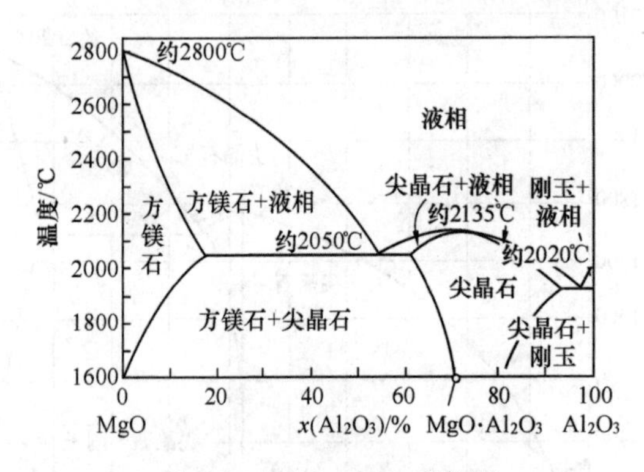

图 3-25　MgO-Al_2O_3 系相图

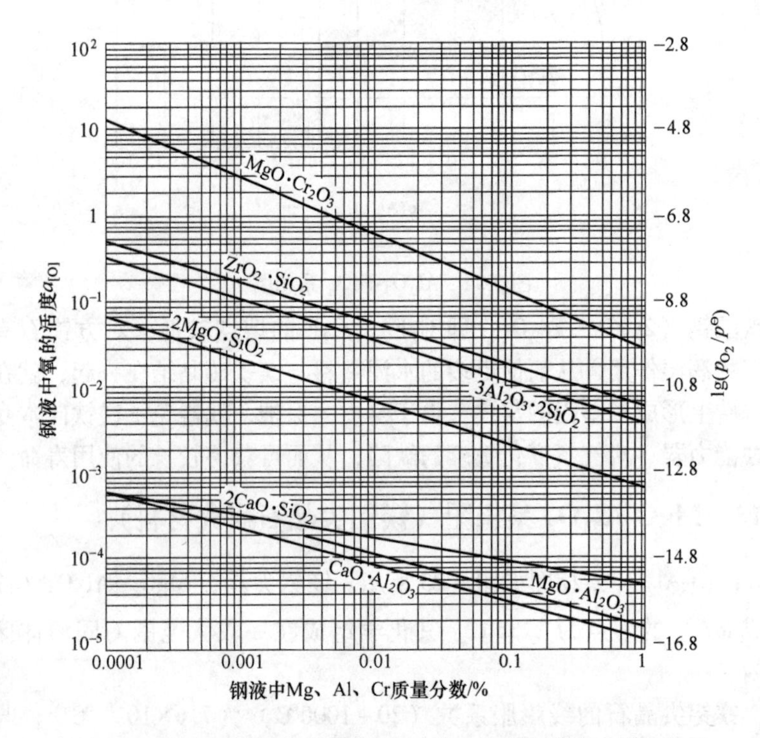

图 3-26　复合氧化物中的元素 Mg、Al、Cr 等在钢液中的含量与钢液中平衡氧的活度及 $\lg(p_{O_2}/p^{\ominus})$ 的关系（1600℃）

3.14 $MgO-SiO_2$ 系相图（镁橄榄石质耐火材料）

$MgO-SiO_2$ 系相图如图 3-27 所示。镁橄榄石 $2MgO \cdot SiO_2(M_2S)$ 熔点为 1890℃，是 $MgO-SiO_2$ 系中唯一稳定的耐火相。以镁橄榄石为主要原料，MgO 质量分数大于 40%的耐火材料称为镁橄榄石质耐火材料。镁橄榄石质制品的抗氧化铁渣侵蚀能力较强，但对 CaO 含量高的碱性渣较差。

镁橄榄石质制品主要用作加热炉炉底以及热风炉、玻璃窑等蓄热室的格子砖。

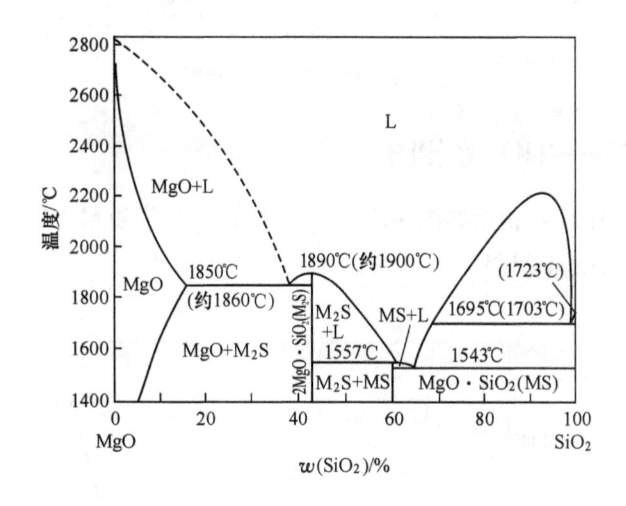

图 3-27 $MgO-SiO_2$ 系相图

3.15 $MgO-Cr_2O_3$ 系相图（镁铬耐火材料）

$MgO-Cr_2O_3$ 系相图如图 3-28 所示。从中可以看出，$MgO \cdot Cr_2O_3$ 的熔点很高，约为 2350℃。$MgO \cdot Cr_2O_3$ 与 MgO 的低共熔点温度也高达 2330℃，与 Cr_2O_3 的低共熔点温度也很高，为 2150℃。因此，镁铬耐火材料的耐火度很高。

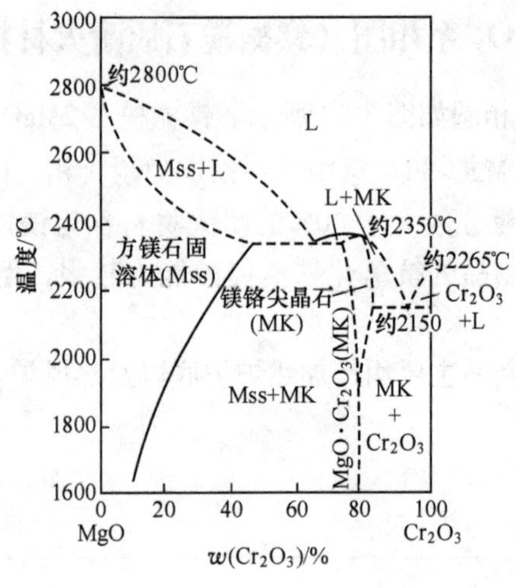

图 3-28　$MgO\text{-}Cr_2O_3$ 系相图

3.16　$MgO\text{-}TiO_2$ 系相图

$MgO\text{-}TiO_2$ 系相图如图 3-29 所示。含 TiO_2 的镁质耐火材料可用作铝电解槽的侧壁材料。

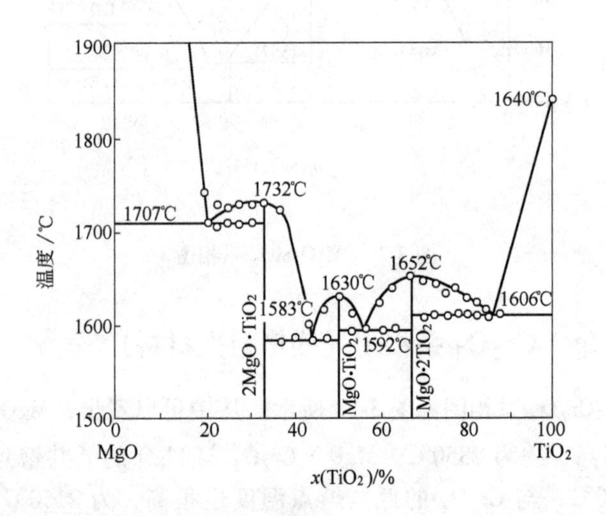

图 3-29　$MgO\text{-}TiO_2$ 系相图

3.17 $CaO-TiO_2$ 系相图

$CaO-TiO_2$ 系相图如图 3-30 所示。钛酸钙（$CaO \cdot TiO_2$）熔点达 1915℃，MgO-CaO 砖用于抗含钛渣时，由于形成 $CaO \cdot TiO_2$，有利于阻止炉渣的渗透。

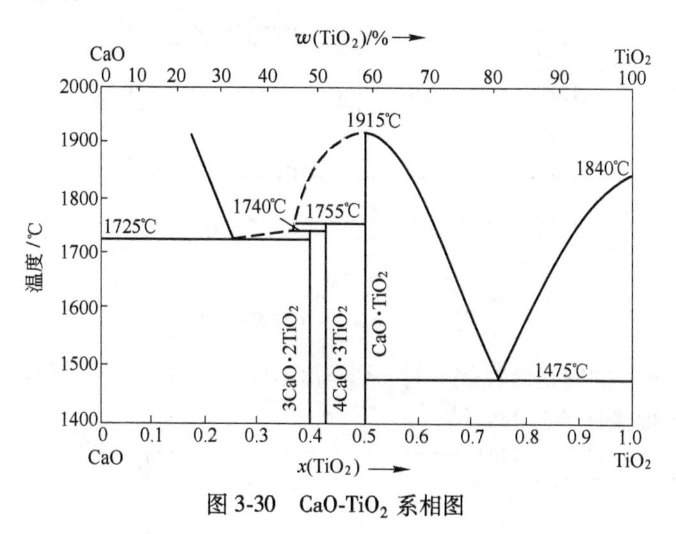

图 3-30 $CaO-TiO_2$ 系相图

3.18 $Al_2O_3-TiO_2$ 系相图（钛酸铝耐火材料）

$Al_2O_3-TiO_2$ 系相图如图 3-31 所示。钛酸铝（$Al_2O_3 \cdot TiO_2$）由于不与一些有色金属熔体如 Cu、Pb、Zn、Al 润湿，因此这些金属熔体不会渗入钛酸铝耐火材料中。此外，钛酸铝还具有线膨胀系数低（仅 0.5×10^{-6} ℃$^{-1}$），抗热震性很好，热导率低（仅有 1.2 W/(m·K)，保温性能好等优良性能。

添加有 $Al_2O_3 \cdot TiO_2$ 的 MgO-Spinel 质耐火材料比未加 $Al_2O_3 \cdot TiO$ 的 MgO-Spinel 质耐火材料抗震性好。其原因是生成的 $2MgO_2 \cdot TiO_2$ 会在 Spinel 颗粒之间的接触部位发生固溶。

3.19 $Cr-Cr_2O_3$ 系相图

从图 3-32 所示 $Cr-Cr_2O_3$ 二元系相图可以看出，加入 Cr 粉与

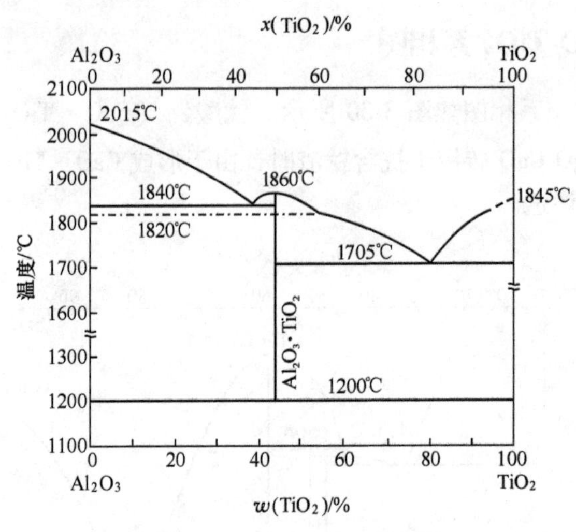

图 3-31 Al_2O_3-TiO_2 系相图

Cr_2O_3 微粉的镁铬砖在烧成时，Cr 与 Cr_2O_3 在1645℃下能形成低共熔物，可促进镁铬砖的烧结。

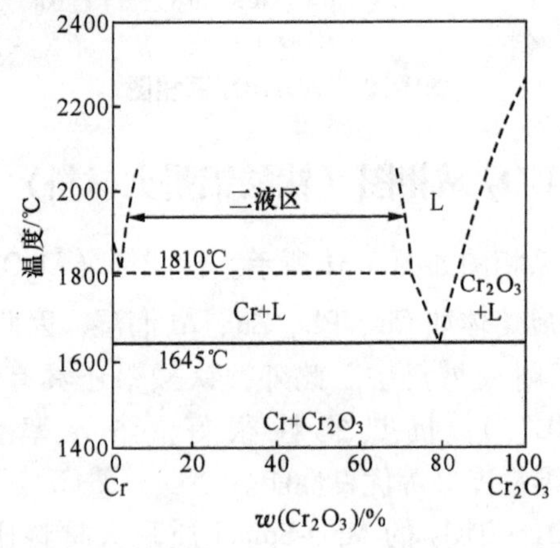

图 3-32 Cr-Cr_2O_3 系相图

3.20 Fe-C 相图

Fe-C 相图（见图 3-33）是研究钢铁成分、组织和性能之间关系的基础。碳含量低于 0.021%时，叫工业纯铁。工业纯铁具有良好的塑性、电磁性能和耐腐蚀性能，常用于制作深冲制品如搪瓷、电子器件等。碳含量 0.021%～2.11% 的铁碳合金叫做钢。其中碳含量 0.021%～0.77%的叫亚共析钢；碳含量等于 0.77%（位于 S 点）的铁碳合金叫共析钢；碳含量 0.77%～2.11%的叫做过共析钢。

低碳钢的碳含量为 0.08%～0.25%。低碳钢的硬度低、强度低，但可加工性好，易于进行锻造、焊接和切削，多用于工程结构件及铆钉、螺栓、链条、轴等部件。

中碳钢的碳含量为 0.25%～0.55%，具有良好热加工及切削性能，但焊接性能较差。除作为建筑材料外，还大量用于制造各种机械零件。

高碳钢的碳含量为 0.60%～2.25%，多用于制造弹簧和工具，如锤、撬棍、钻头、铰刀等。碳含量 2.11%～6.69%叫做铸铁。

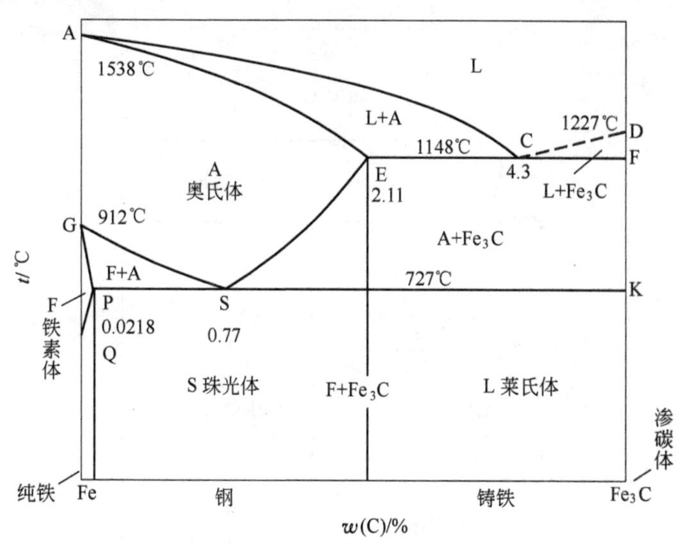

图 3-33 Fe-C 相图

3.21 Al_2O_3-Al_4C_3 相图

在添加 Al 的 Al_2O_3-C 耐火材料中，Al 与 C 会生成 Al_4C_3。Al_2O_3-Al_4C_3 相图如图 3-34 所示。从图中可看出，Al_4C_3 与刚玉发生反应生

成 Al_4O_4C 与 Al_2OC。

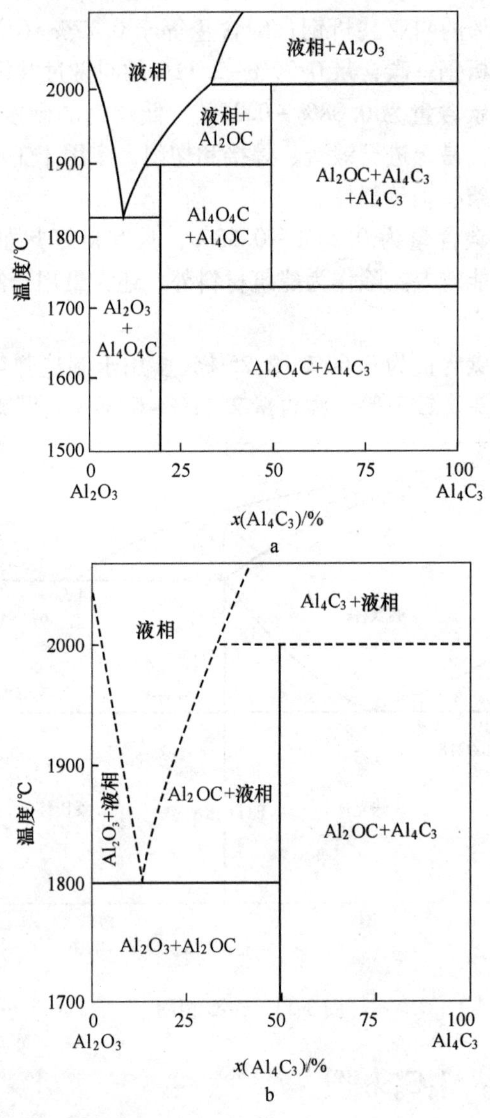

图 3-34 Al_2O_3-Al_4C_3 相图

a—平衡状态；b—介稳状态

4　三元系相图与耐火材料

4.1　三元系相图的表示方法及浓度等边三角形

当压力一定时，由相律$f=c-P+1$知，$f=0$时，$P=3+1=4$，即三元系中最多只能四相平衡共存。当$P=1$时，$f=3-1+1=3$，即自由度最多为3，表明有3个独变数。这就是说，要确定三元系的平衡状态，需要知道2个组元的浓度与温度，即确定三元系状态需要一个能代表三元系中两个组元含量的面和一个表示温度坐标的立体图。

表示三元系中各组元的含量的最方便和最好的方法就是采用等边三角形，即通常称为浓度三角形，如图4-1所示。从等边三角形ABC内任意一点例如P点引平行于三角形三边的直线ac'、bc和$a'b'$，则很容易得出：$Pa+Pb+Pc=AB=BC=CA$。因此，如将等边三角形ABC的每个边分成100等份（或10等份），以三角形的各顶点分别表示纯物质A、B、C，则三角形的三边分别表示A-B、B-C、C-A三个二元系的浓度。在此三角形内，任意一点P所代表的三个组元的含量即可由该点引平行于三角形三边的直线长度来确定。P点所代表各组元的含量为：

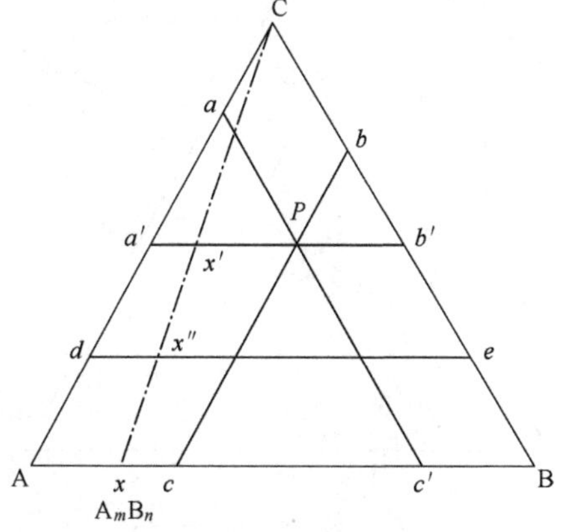

图4-1　等边三角形组成表示法

$$w(\mathrm{A})=w(Pb)=w(\mathrm{C}a)=w(\mathrm{B}c')$$
$$w(\mathrm{B})=w(Pa)=w(\mathrm{C}b)=w(\mathrm{A}c)$$
$$w(\mathrm{C})=w(Pc)=w(\mathrm{B}b')=w(\mathrm{A}a')$$

所以

$$w(\mathrm{C}a)+w(\mathrm{A}c)+w(\mathrm{B}b')=\mathrm{AB}=\mathrm{BC}=\mathrm{CA}=100\%$$

从等边三角形组成表示法还可得出：

（1）等含量规则：平行于三角形某一边的直线上的各点都含有等量的对面顶点组元。例如，平行于边 AB 的直线 de 上的任一组成点，其组元 C 的含量是相同的。

（2）等比例规则：三角形一顶点与对边任一点的连线上的组成点，所含其他两组元的含量之比是相同的。如：由顶点 C 引出的直线 Cx，其上任意两点 x' 与 x'' 的组成中 $w(\mathrm{A})/w(\mathrm{B})=Bx/Ax=b'x'/a'x'$=定值。如果 A 和 B 形成化合物 $\mathrm{A}_m\mathrm{B}_n$，则点 C 与 $\mathrm{A}_m\mathrm{B}_n$ 连线上的任一点，其 A 与 B 的含量之比相当于化合物 $\mathrm{A}_m\mathrm{B}_n$ 的组成比。故在直线 C-$\mathrm{A}_m\mathrm{B}_n$ 上的任一点，皆由组元 C 与化合物 $\mathrm{A}_m\mathrm{B}_n$ 组成。

（3）杠杆原理：设 2 个三元混合物 a 和 b（见图 4-2）的质量分别为 m_a 与 m_b，将其混合后，新混合物的组成点 x 一定在连接 a 和 b 的直线上，并且 x 点的位置必须满足杠杆原理，即：$m_a \times ax = m_b \times bx$。

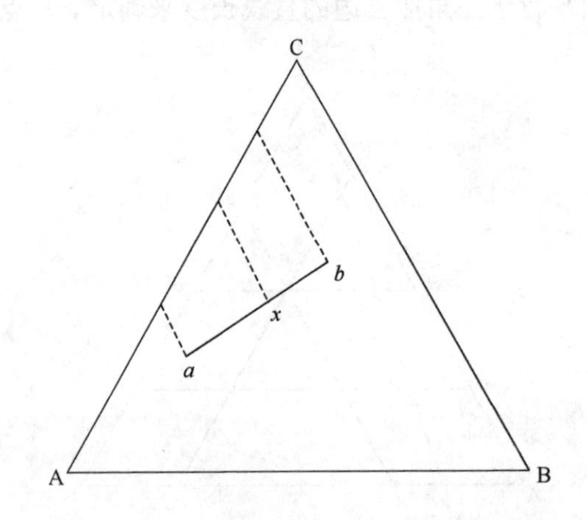

图 4-2　杠杆原理在等边三角形组成法中的应用

4.2 不生成化合物与固溶体的三元低共熔点状态图

4.2.1 熔度图

具有一个最低共熔点的三元系相图如图4-3所示。图中：T_A、T_B、T_C分别表示组元A、B、C的熔点；E_1'、E_2'、E_3'分别为A-B二元系、B-C二元系和C-A二元系的最低共熔点；E'表示A、B、C同时析出的共晶点，其熔点最低，故又称为三元低共熔点。在E'点处四相共存，即$L_E' \rightleftharpoons A+B+C$。由相律$f=c-P+1=3-4+1=0$可知，自由度$f$为零，说明在$E'$点（或$E$点）析出A、B、C三个晶体的过程是在恒温下进行的，因此此时体系是无变量系。

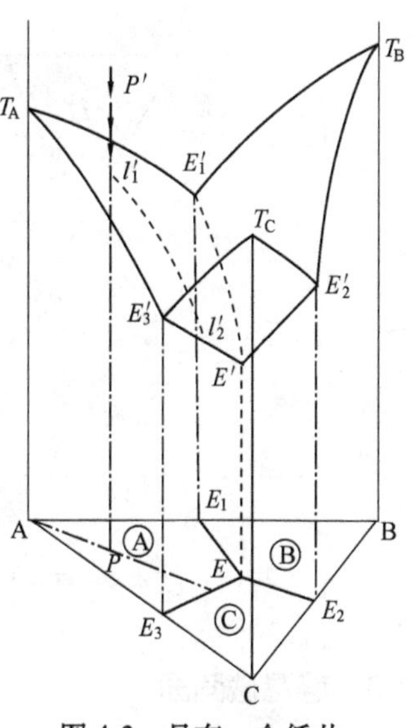

图4-3 具有一个低共熔点的三元系相图

所有的液态溶液冷却到E'点的温度时，都将完全结晶；A+B+C的固态混合物在加热至低共熔点温度时都将开始熔化。整个液相面由$T_AE_1'E'E_3'$、$T_BE_1'E'E_2'$与$T_CE_2'E'E_3'$三个液相面组成，液态溶液冷却至液相面时即开始析出晶体A或晶体B或晶体C。三个液相面分别相交于$E_1'E'$、$E_2'E'$和$E_3'E$三条线，由于这三条线分别属于两个液相面，因此在这三条线上将析出A+B或B+C或C+A晶体，因此将这三条线称为三元系的二元共晶线（或共熔线）。

当只有两组元时，各二元系的共晶点分别为E_1'、E_2'、E_3'。由于引入了第三组元，降低了体系的熔点，使同时析出2个晶体的共晶点变为温度连续下降的线了。

4.2.2 投影图

实际上，表示三元系状态图一般很少用立体图，而是采用投影图。投影图是由不变点及界线上的点投影到浓度三角形上而形成的，如图4-4所示。投影图上的每一等温曲线表示具有相同熔点的组成。故温度越高的等温线与纯组元的组成越接近，而温度越低的等温线则与三元低共熔点的组成越接近。

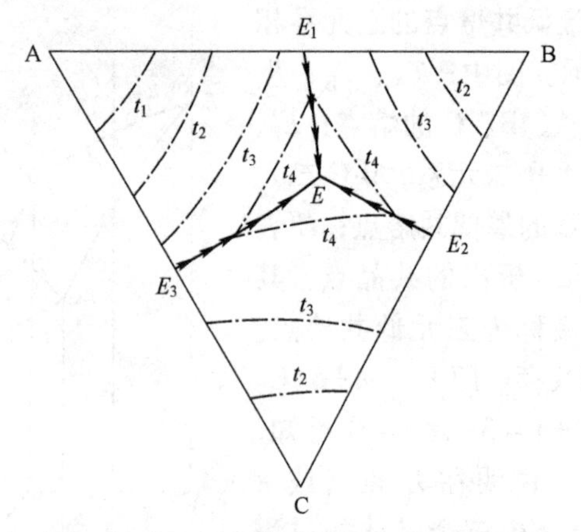

图4-4 有一最低共熔点的三元系投影图

4.2.3 等温截面图

当需要考虑某温度下的相平衡关系时，就只用等温截面图来表示。等温截面图就是指在某一等温平面与相平衡的空间图相截所得的截面图。图4-5是温度低于组元A、B与C的熔点但高于点E_1'、E_2'、E_3'

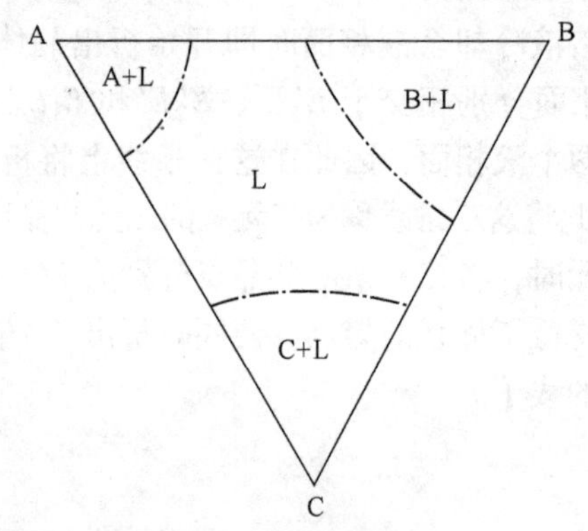

图4-5 等温截面图

温度的等温截面图。耐火材料主要用于高温工业，其烧成制品也是在高温下烧成的。因此，在 1300~1700℃的一些等温截面图对耐火材料特别有用。

4.2.4 析晶过程

如图 4-3 所示，设有一组成为点 P 的溶液冷却，冷却至与液相面 $T_AE_1'E'E_3'$交界处 l_1'点温度时，即有 A 晶体开始析出。由于在 $T_AE_1'E'E_3'$曲面上只有 A 晶体析出，因此在液相中的组元 B 与 C 的数量比（或浓度比）应该是一固定值，即在投影图上液相的组成应沿 AP 线（即 T_Al_1'的投影）的延长线离开 A 点移动。因为只有这样，组元 B 与 C 的数量比（或浓度比）才是固定不变的。冷却至点 l_2'点温度时，开始有 A 与 C 同时析晶出来，这是因为 l_2'点既在 $T_AE_1'E'E_3'$液相面（即 A 的初晶区）上，又在 $T_CE_3'E'E_2'$液相面（即 C 的初晶区）上。继续冷却，液相组成沿线 $l_2'E'$变化，至 E'点（即三元共晶温度点）时，A、B 和 C 三晶体同时析出。

利用杠杆原理可以计算出上述冷却过程中任何时刻固体与液体的数量。例如图 4-6 中，若原始总组成为 P 的溶液，当冷却至相当于液体组成为 x 点的温度时，析出的只有 A 晶体。根据杠杆原理可知

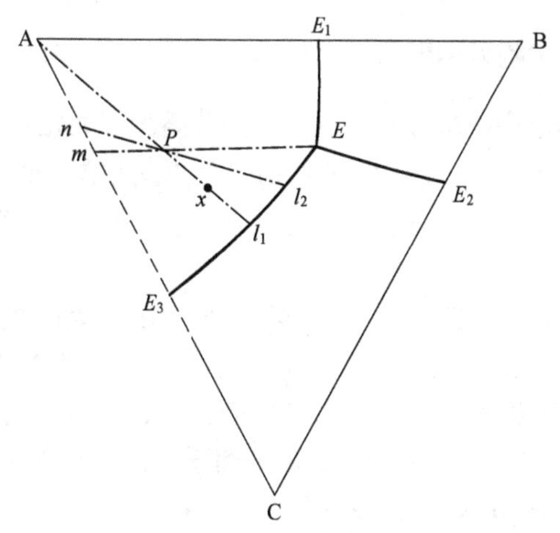

图 4-6 杠杆原理在等温截面图中的应用

$$M_{固,A}\times AP=M_{液}\times Px$$

故体系中 $M_{液}=M_{总}\times(AP/Ax)$

即 液体含量（%）=（AP/Ax）×100

当冷却至 l_2 点温度时，由于析出的是 A 与 C 晶体，因此其固体的组成点只能是在边 AC 上，也就是在直线 Pl_2 与 AC 边的交点 n。按杠杆原理，此时固体量 $M_{固}$ 与液体量 $M_{液}$ 为：

$$M_{固}/M_{液}=Pl_2/nP$$

而固体中 A 的量 $M_{固,A}$ 与 C 的量 $M_{固,C}$ 为：

$$M_{固,A}/M_{固,C}=nC/An$$

由此可得出此时体系中：

液相含量(%)=$(nP/nl_2)\times100$

固体中 A 的含量(%)=$(nC/AC)\times(Pl_2/nl_2)\times100$

固体中 C 的含量(%)=$(An/AC)\times(Pl_2/nl_2)\times100$

当液相的组成达到三元低共熔点组成 E 的瞬间，固体物质的组成由 m 点确定。低共熔物 E 等温析晶时，所有三个组元 A、C 与 B 均析出，固相的组成开始沿直线 mE 向浓度三角形内部移动，当其与 P 点重合的瞬间，析晶结束。

4.3 生成化合物的三元系状态图

4.3.1 生成一个同分熔融二元化合物

图 4-7 示出了由 A 与 B 生成一个同分熔融二元化合物 A_mB_n 系的三元相图。向 A_mB_n 中加入组元 C 时，A_mB_n 的熔点将下降，e_5 点为 A_mB_n-C 系的低共熔点。组成在 A_mB_n-C 直线上的所有组成点，均在 e_5 点结晶完毕。

例如：图 4-7 中组成在 m 点的溶液，在凝固时先析出 C 晶体（在 C 的初晶区），液相组成将由 m 点变到 e_5 点。当液相冷却到 e_5 点时，则在恒温下析出 A_mB_n 晶体和 C 的共晶，A_mB_n-C 就如二元共晶系一样。这样 A_mB_n-C 连线就将此图分割为 2 个子三元系，即 A-A_mB_n-C与 B-A_mB_n-C 系，每一个子三元系都是一个具有三元低共熔点的状态图。组成在△A-A_mB_n-C 区的，在三元低共熔点 E_1 处结晶完

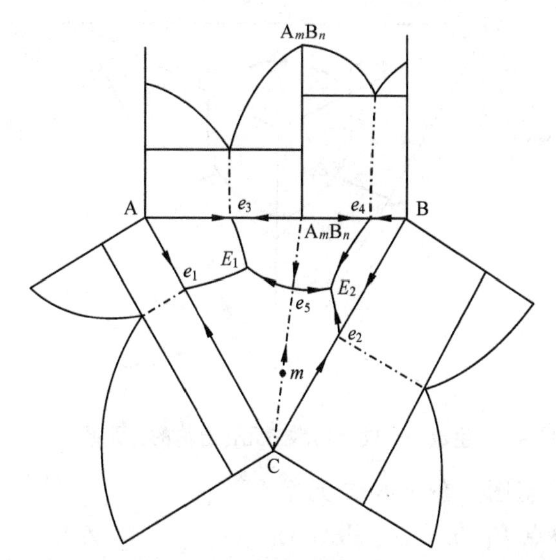

图 4-7 生成一个同分熔融二元化合物的三元系状态图

毕；组成在△B-A_mB_n-C 内的，在三元低共熔点 E_2 处结晶完毕。

在此三元系中，有 A、B、C 和 A_mB_n 共 4 个初晶区域，5 个二元低共熔点（e_1、e_2、e_3、e_4、e_5），但只有 2 个三元低共熔点（E_1、E_2）。组元 A、B、C 的液相面是向三元低共熔点倾降的，但 A_mB_n 是向 2 个三元低共熔点 E_1 和 E_2 倾降的，因此曲线 A_mB_n-e_5 在立体图中就形如山脊；而点 e_5 既是 A_mB_n-C 二元系的最低共熔点，又是内分界线 E_1E_2 的最高点，形如马鞍点，故称鞍形点。

4.3.2 生成一个同分熔融三元化合物

组元 A、B、C 生成一个同分熔融三元化合物 $A_pB_qC_r$，此三元化合物的组成如图 4-8 中的 D 点所示。由 D 点向 A、B、C 的连线将全图划分为 3 个子三元系，这 3 个子元系是三个最简单的三元低共熔点状态图：若组成在△DAB 内，则最后在 E_1 点结晶完毕；当组成在直线 DA 或 DB 或 DC 上时，将分别在点 e_4 或 e_5 或 e_6 结晶完毕。

4.3.3 生成一个异分熔融二元化合物

图 4-9 示出了在三元系中生成的一个异分熔融二元化合物 A_mB_n

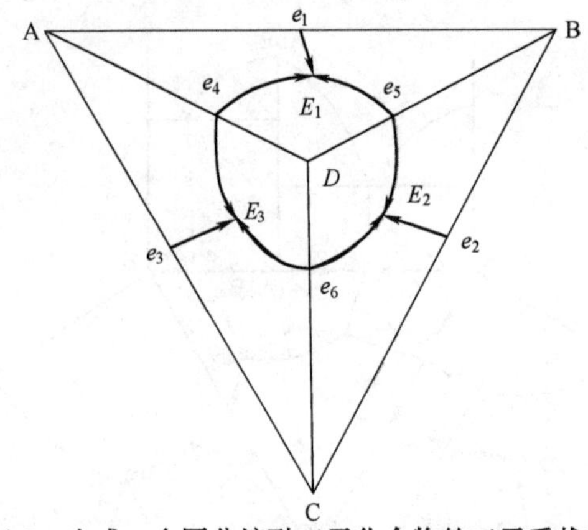

图 4-8 生成一个同分熔融三元化合物的三元系状态图

的三元系状态图。在 A-B 二元系中，其转熔点 P_1 在 A_mB_n 组成的右边。当液相组成在 A_mB_n 左边，冷却时最初析出晶体 A，冷至转熔温度 P_1 时，发生 A 与液体的反应。由于 A 多液体少，因而 A 与液相反应后，液体消失，最后只有 $A+A_mB_n$ 晶体。若液相组成在 A_mB_n 右边，冷至 P_1 温度时，由于 A 少，而液体多，故 A 与液体反应生成 A_mB_n 后 A 消失，只剩下 A_mB_n + 液体，继续冷却，析出 A_mB_n 晶体。冷至二元共晶点 e_1 时，析出 A_mB_n 晶体，结晶完毕。

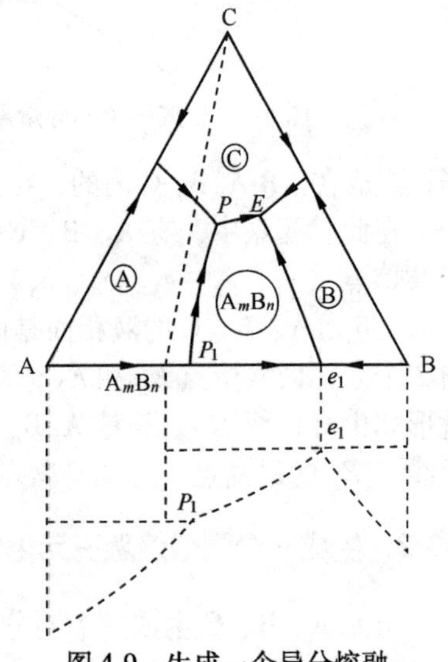

图 4-9 生成一个异分熔融二元化合物的三元系状态图

图 4-10 示出了在生成一个异分熔融二元化合物的三元系中不同组成的液相冷却时的析晶过程：

（1）组成为点 1 的熔体，由于位于 B 的初晶区内，冷却时首先析出晶体 B，至 e_1E 二元共晶线析出 $B+A_mB_n$ 共晶，最后至三元共晶点 E 结晶完毕。

（2）组成为点 2 的熔体，冷却时首先析出 A_mB_n 晶体，然后沿

e_1E 二元共晶线至 E 点结晶完毕。

(3) 组成为点3、4、5、6的熔体与上述冷却析晶过程类似。

(4) 组成在△A-C-A_mB_n 内的熔体，因A晶体多，熔体都在三元包晶点 P 结晶完毕，析出的晶体有A、A_mB_n 与C。

(5) 组成点为7的液体，冷却时开始析出A晶体，液体组成沿7-7′线变化，至二元包晶线 P_1P 后发生包晶反应：

$$A_{晶体}+液体 \longrightarrow A_mB_{n晶}+C_{晶}$$

A晶体完全消耗完，固相组成为点7″，此后液体沿 PE 线变化，冷至 E 点结晶完毕，最后的晶体有 A_mB_n、C与B。

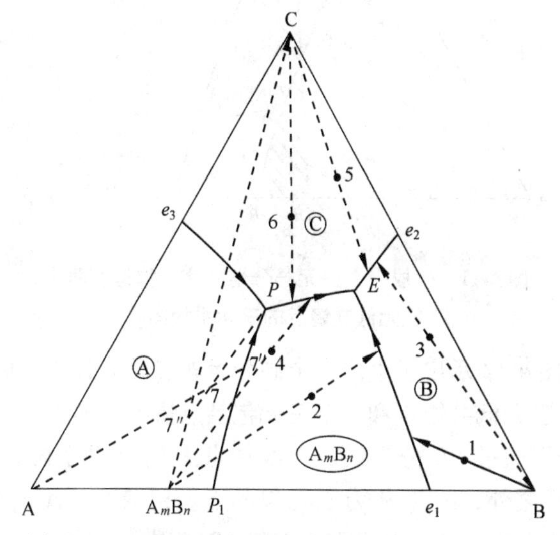

图4-10 生成一个异分熔融二元化合物的三元系中不同组成点液相的冷却析晶过程

4.3.4 生成二元化合物的三元系状态图的其他类型

(1) 图4-11为生成一个二元异分熔融化合物，但存在两个三元低共熔点的三元系相图。图中 E_1 与 E_2 分别为三元低共熔点，P 为 A_mB_n 的异分熔融点（或包晶点）。由于在曲线 PE_1 上发生了由二元包晶转为二元共晶的情况，在△A_mB_n-B-C内有析出晶体A的区域（图中阴影部分），故 A_mB_n-B-C不能作为一独立三元系。A_mB_n-C线

通过 E_1-E_2 两低共熔点的连线，其交点 M 为 E_1-E_2 分界线上温度的最高点。

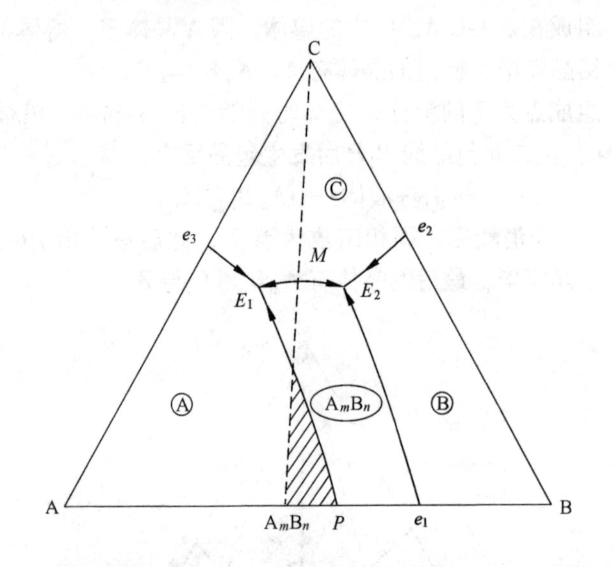

图 4-11　生成一个二元异分熔融化合物但有两个三元低共熔点的三元系相图

（2）图 4-12 示出了生成一个同分熔融二元化合物，但在三元系中存在一个三元低共熔点和一个三元包晶点情况。图中 A_mB_n 与 C 组元的连接线不通过 PE 分界线，温度从点 P 向点 E 下降，而 P 点在 △A-A_mB_n-C 之外，因此 P 为三元包晶点。组成在 △A-A_mB_n-C 内的熔体在 P 点结晶完毕，组成在 △A_mB_n-B-C 内的熔体在 E 点结晶完毕。由点 A 向曲线 e_1P 引切线，切点 S 将 e_1P 分为两段，e_1S 段为二元共晶线，即 $L_1 \rightarrow A_{晶} + A_mB_{n晶} + L_2$；$SP$ 段为二元包晶线，即 $L_1 + A_mB_{n晶} \rightarrow A_{晶} + L_2$。组成位于 a-S-e_1-A_mB_n-a 区域内的熔体冷却时，首先析出 A_mB_n 晶体，冷至 e_1Sa 线上时，同时析出 A_mB_n+A 二元共晶，冷却至 S 点时发生二元包晶反应，A_mB_n 溶解，继续析出 A 晶体，至 P 点结晶完毕，其固体由 A+A_mB_n+C 晶体组成。位于 d-P-a 区域内的熔体冷却时，首先析出 A 晶体，然后析出 A+C 共晶；在三元包晶点 P，晶体 A 完全溶解，析出晶体 A_mB_n+C，即 $L_1 + A_{晶} \rightarrow A_mB_{n晶} + C_{晶} +$

L_2；然后沿 PE 线析出 A_mB_n+C 二元共晶，至 E 点结晶完毕，为 A_mB_n+B+C 晶体。

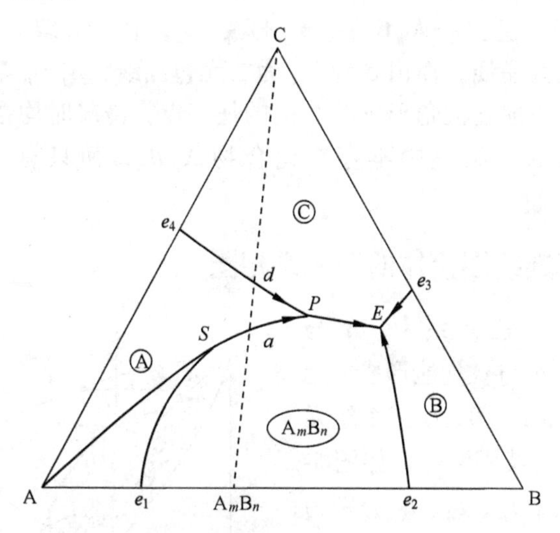

图 4-12 生成一个同分熔融二元化合物但存在一个三元低共熔点和一个三元包晶点的三元系相图

（3）图 4-13 示出了生成二元同分熔融化合物，但在三元系中此

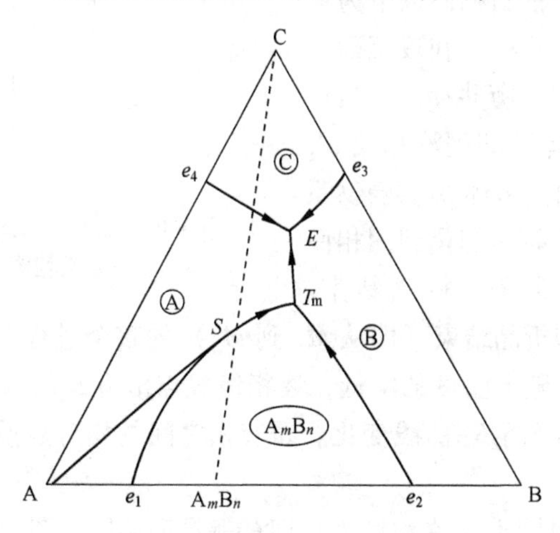

图 4-13 生成一个同分熔融化合物在低于某一温度即分解

二元同分熔融化合物低于某一温度即分解的情况。图中的二元化合物 A_mB_n 在析晶过程中，在低于 T_m 温度完全分解为 A 与 B 晶体；在 T_m 温度时发生 $L_1+A_mB_{n晶} \rightarrow A_晶+B_晶+L_2$，在分界线 e_1T_m 上由 e_1 到 S 是二元共晶线，而由 S 到 T_m 为二元包晶线，A_mB_n 溶解析出 A 晶体。熔体组成在三角形 A-B-C 内的任一点，冷凝时均在 E 点结晶完毕，在最后的结晶中不存在化合物 A_mB_n，而只有 A、B 与 C 晶体。

4.4　生成连续固溶体的三元系相图

A、B、C 三元系中，A 与 B、B 与 C、A 与 C 均能形成二元连续固溶体，A、B、C 三个组元间也能形成连续固溶体，如图 4-14 所示。图中 t_A、t_B、t_C 分别为纯组元 A、B、C 的熔点。上面凸起来的面为液相面，下面凹下去的面为固相面。在液相面以上为单相熔体，在固相面以下为单相固溶体。在固相面和液相面之间为固液两相平衡共存区。当组成为 M 的熔体冷却到液相面 M_1 时，开始析出固溶体 S_1。当物系点由于冷却析晶而变化到固相面 M_n 时，液相消失，析晶结束。

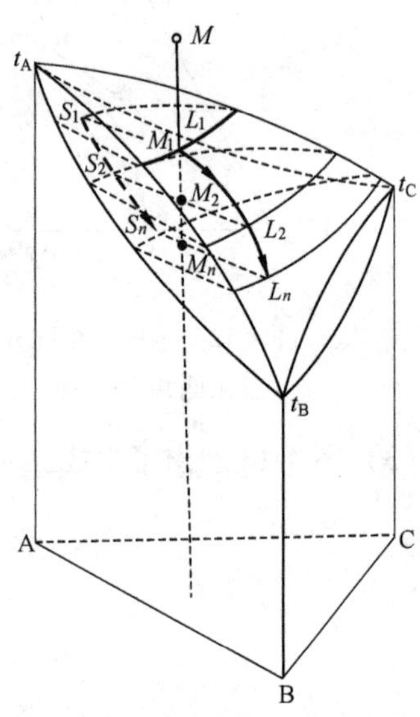

图 4-14　生成连续固溶体的三元系相图

从开始析晶到析晶结束（即从 M_1 到 M_n）的整个过程中，始终是固液两相平衡。随着温度的降低，液相组成点沿 $L_1L_2L_n$ 曲线变化，而固相组成点沿 $S_1S_2S_n$ 曲线变化。固液相之间的相对数量可用杠杆原理计算。

图 4-15 是图 4-14 在温度为 t_2 时的等温截面图。图中 S_2L_2 是组成为 M 的熔体冷却到温度 t_2 时的固相和液相平衡关系的连线。

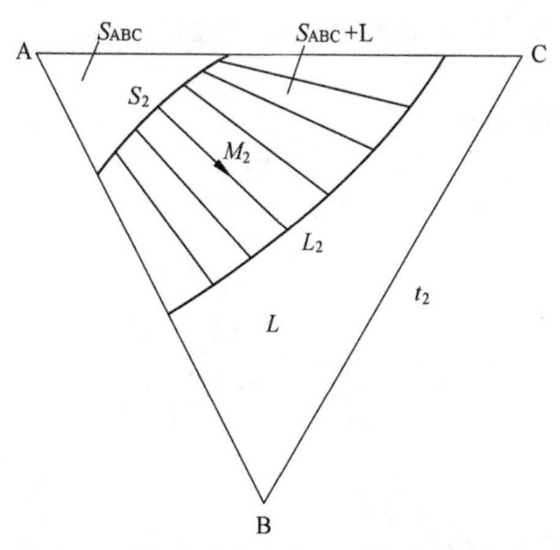

图 4-15 图 4-14 在温度 t_2 时的等温截面图

4.5 一个二元系生成连续固溶体，其他两个二元系具有低共熔点的三元系状态图

从图 4-16 可看出：A-B 二元系生成连续固溶体 S_{AB}，固溶体的组成只表示在 AB 边上；液相面 $C'e_1'e_2'$是组元 C 的初晶面；液相面 $e_1'A'B'e_2'$是析出 A-B 二元固溶体的面；共熔线 $e_1'e_2'$上的液相只沿着这条线析出 S_{AB} 和 C，一直结晶到全部液体消失为止。

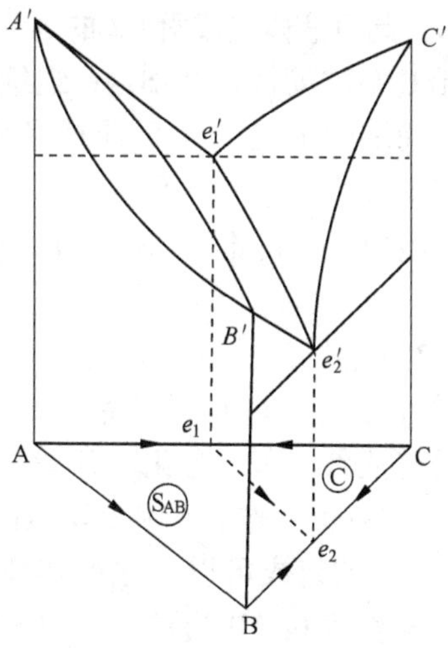

图 4-16 一个二元系生成连续固溶体的三元系相图

由于组元 C 只能以纯 C 析出，所以最终二元固溶体的组成将具有原始熔体中所含 A 和 B 的比例。因此，只要由纯组元 C 的顶点通过原始熔体的组成点引直线与 AB 边相交，即可得出结晶终了时二元固溶体的组成。从此最终固溶体组成的另一端的低共熔线 e_1e_2 上即可找出与之平衡液体的最终组成。图 4-17示出了组成在固溶

体 S_{AB} 区域与在 C 初晶区的熔体的冷却过程。

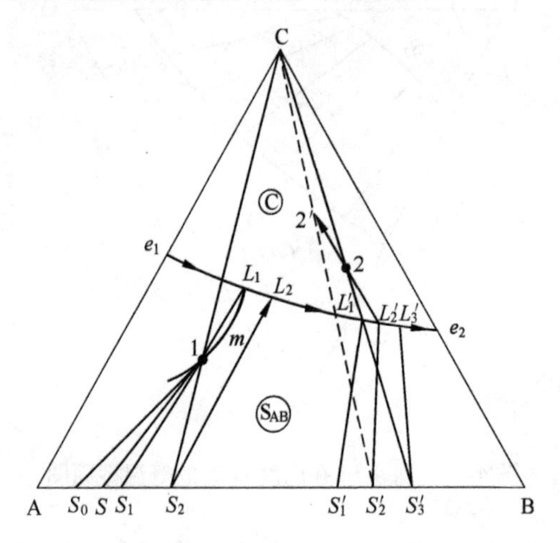

图 4-17 组成在固溶体 S_{AB} 区和在 C 初晶区的熔体的冷却过程

在组元 C 的初晶区内，组成为点 2 的熔体冷却时，首先析出晶体 C，此后液体组成沿 C2 的延长线变化。冷至 L_1' 时，开始同时析出组元 C 与二元固溶体 S_{AB}；继续冷却，液体组成沿 $L_1'L_3'$ 曲线变化，二元固溶体组成沿 $S_1'S_3'$ 曲线变化。当液体组成为 L_2' 时，二元固溶体的组成为 S_2'，在 CS_2' 线上的点 2′为在这一瞬间析出的整个固态物质的组成。当冷至 L_3' 时结晶完毕，最后二元固溶体 S_{AB} 的组成为 S_3'。

在 S_{AB} 固溶体区内，组成点为 1 的熔体冷却至与液面接触的温度时（见图 4-17）即开始析出二元固溶体；继续冷却，其液体组成沿着曲线 $1mL_1$ 变化，开始析出的二元固溶体的组成可由曲线 $1mL_1$ 在点 1 所作切线和 AB 边的交点 S_0 决定，此后析出的二元固溶体 S_{AB} 的组成可以由原始熔体组成点 1 与液体组成点（例如 m）所引的直线和 AB 边的交点（S）决定；再继续冷却，液体组成沿 L_1L_2 变化，并同时析出晶体 C 和 A 与 B 的二元固溶体 S_{AB}，二元固溶体的组成即为结线与 AB 边的交点；当冷至 L_2 时，结晶完毕，最后二元固溶体 S_{AB} 的组成点为 S_2，是原始组成点与纯组元 C 点的连线在 AB 边上的交点。

4.6 一个二元系生成化合物，且此化合物与第三组元形成连续固溶体

一个二元系生成同分熔融二元化合物，而且这个化合物与第三组元形成连续固溶体，如图 4-18 所示。这种情况可以将其分为两个子三元系，即 $A-A_mB_n-C$ 系与 $B-A_mB_n-C$ 系来进行分析讨论。

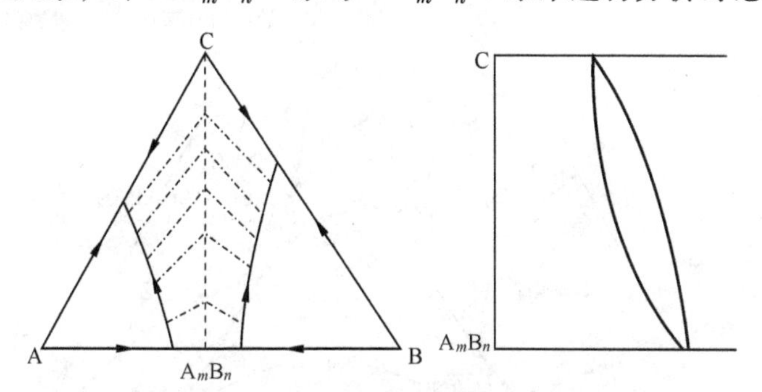

图 4-18 一个二元系生成同分熔融二元化合物，此化合物与第三组元形成连续固溶体

还有其他的一些三元系，如生成一个二元异分熔融化合物，此二元异熔融化合物与第三组元形成连续固溶体等，这里就不一一介绍了。以下主要讲解一些与耐火材料直接相关的三元系相图。

4.7 $MgO-Al_2O_3-SiO_2$ 系相图

$MgO-Al_2O_3-SiO_2$ 系相图如图 4-19 所示。该相图在耐火材料与陶瓷及其使用中都很有意义。此三元系中有 4 个二元化合物：镁铝尖晶石 $MgO \cdot Al_2O_3$（MA），顽辉石 $MgO \cdot SiO_2$(MS)，镁橄榄石 $2MgO \cdot SiO_2$(M_2S)，莫来石 $3Al_2O_3 \cdot 2SiO_2$(A_3S_2)；有 2 个三元化合物：堇青石 $2MgO \cdot 2Al_2O_3 \cdot 5SiO_2$($M_2A_2S_5$)，是异分熔融化合物；假蓝宝石 $4MgO \cdot 5Al_2O_3 \cdot 2SiO_2$($M_4A_5S_2$)。

作为耐火材料的化学组成分布在图中尖晶石、方镁石与镁橄榄石相区。此体系最低的异分熔融物的组成是三元共晶体：

(1) $SiO_2+MS+M_4A_5S_2$，其熔化温度为 1345℃，化学组成（质量分数）为：MgO 20%，$Al_2O_3$18%，$SiO_2$62%。

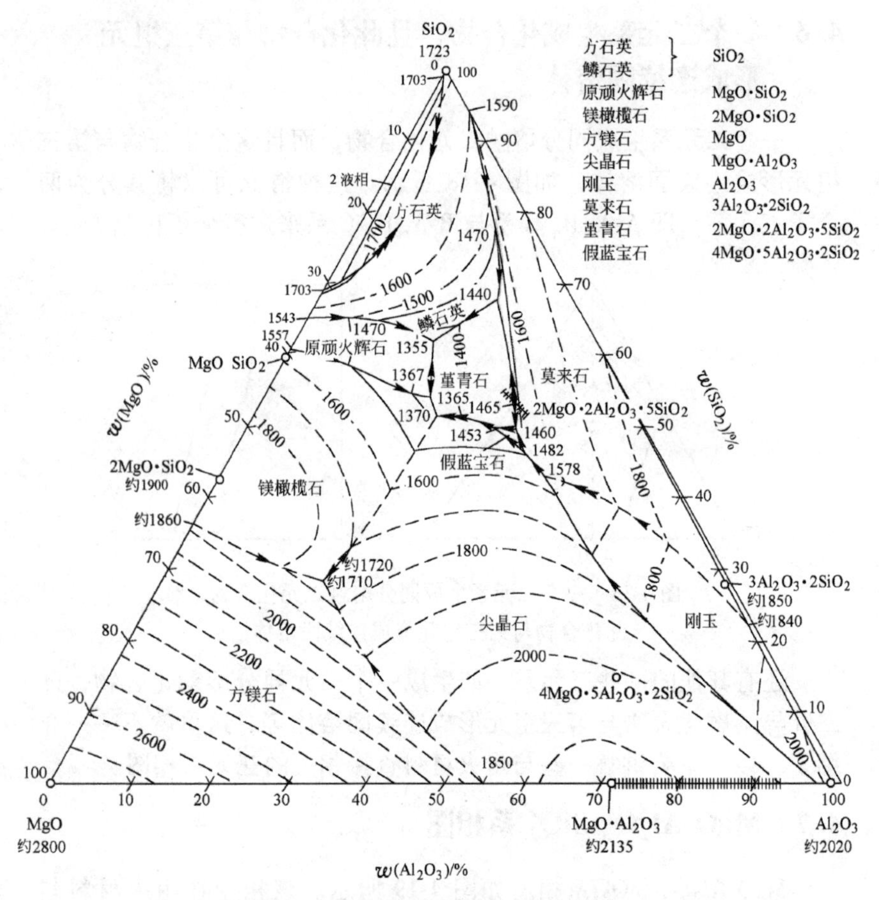

图 4-19 $MgO-Al_2O_3-SiO_2$ 系状态图

（2）$MS+M_2S+M_2A_2S_5$，其熔化温度为 1360℃，化学组成（质量分数）为：MgO 26%，Al_2O_3 22%，SiO_2 52%。

在 $MgO-Al_2O_3-SiO_2$ 系状态图中有三类材料：

（1）分布于方镁石、尖晶石与镁橄榄石三相区的耐火材料，属于碱性耐火材料，抗碱性渣侵蚀。

（2）位于 $Al_2O_3-SiO_2$ 二元线上，属于硅质、半硅质、黏土质、高铝质和刚玉质耐火材料，属中性与酸性材料。

（3）位于堇青石区域的材料，堇青石是异分融解化合物，其线膨胀系数非常小，因而堇青石质陶瓷具有良好的耐极冷极热性，被大量用作耐热瓷器与高频陶瓷。

从 $MgO-Al_2O_3-SiO_2$ 系相图可知，硅酸铝质耐火材料与碱性耐火材料接触时会造成熔融而损毁。例如，组成（质量分数）为 42% Al_2O_3+58%SiO_2 的黏土砖中若加入 3%（质量分数）MgO，由杠杆原理可算出砖中液相量将达 18%（质量分数）。

根据图 4-19 可以绘制出 $MgO-Al_2O_3-SiO_2$ 系在1600℃的等温截面图，如图 4-20 所示。

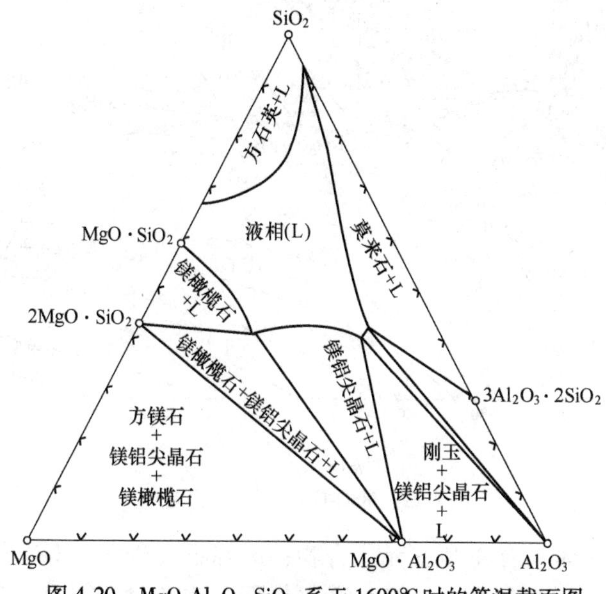

图 4-20 $MgO-Al_2O_3-SiO_2$ 系于 1600℃时的等温截面图

从图 4-20 可知，方镁石-镁铝尖晶石干式捣打料可用硅酸铝或硅酸镁作为烧结剂，因为在 MgO 端元附近为一固相区。

4.8 $MgO-CaO-SiO_2$ 系相图

$MgO-CaO-SiO_2$ 系相图如图 4-21 所示。镁钙材料及其在高温下的使用与该相图密切相关。镁钙材料由于不会有有害杂质进入钢液，不污染环境，广泛用于炼洁净钢。对 $MgO-CaO-SiO_2$ 系相图的说明如下。

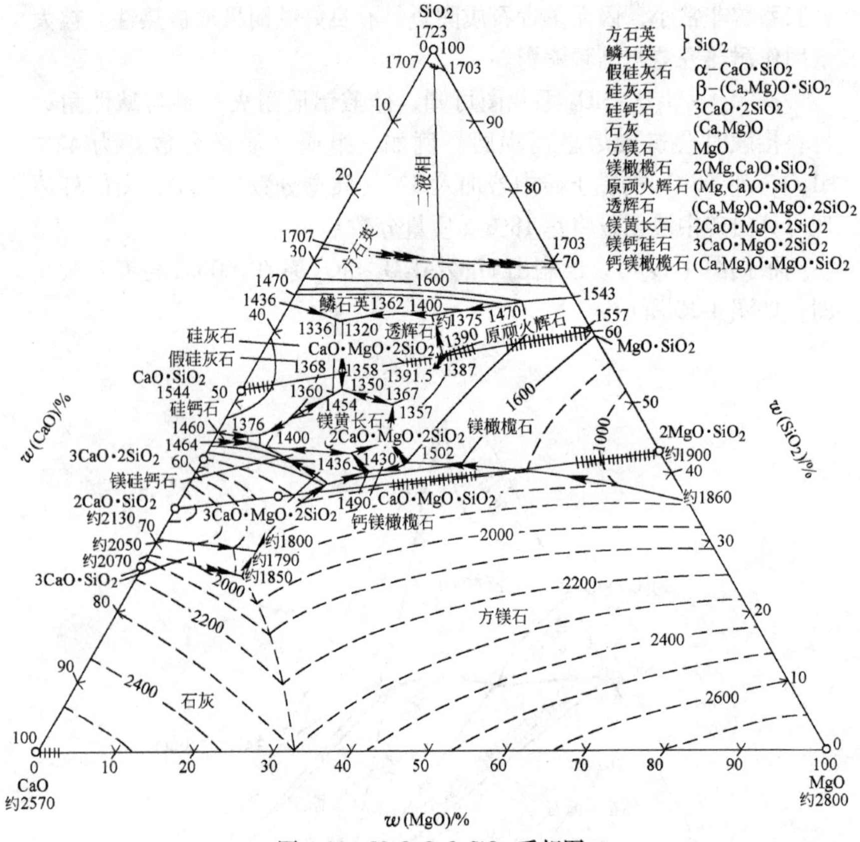

图 4-21 MgO-CaO-SiO$_2$ 系相图

(1) 此体系有 4 个三元化合物：透辉石（CaO · MgO · 2SiO$_2$，简写 CMS$_2$），熔点 1391.5℃；镁黄长石（也称镁方柱石，2CaO · MgO · 2SiO$_2$，简写 C$_2$MS$_2$），熔点 1454℃；钙镁橄榄 CaO · MgO · SiO$_2$（CMS）1498℃分解；镁蔷薇辉石 3CaO · MgO · 2SiO$_2$（C$_3$MS$_2$）1575℃分解为液相、MgO 与 C$_2$S。

(2) 下列组成（质量分数）的共熔点温度较低：

8%MgO+30.6%CaO+61.4%SiO$_2$，熔点 1320℃；

12.6%MgO+36%CaO+51.4%SiO$_2$ 熔点 1350℃；

20.2%MgO+29.8%CaO+50.0%SiO$_2$ 熔点为1357℃；

5.6%MgO+49.8%CaO+44.6%SiO$_2$ 熔点为 1370℃。

（3）在方镁石 MgO 过剩的情况下，当 CaO、SiO_2 含量的比值不同时，凝固相中除方镁石外，还存在的其他化合物见表 4-1。

表 4-1 CaO、SiO_2 比不同时凝固相中除方镁石外的其他化合物

$n(CaO)/n(SiO_2)$	<1.0	1.0	1.0~1.5	1.5	1.5~2.0	2.0	2.0~3.0	3.0
$m(CaO)/m(SiO_2)$	<0.93	0.93	0.93~1.40	1.40	1.4~1.87	1.87	1.87~2.8	2.8
平衡物相	M_2S, CMS	CMS	CMS, C_3MS_2	C_3MS_2	C_3MS_2, C_2S	C_2S	C_2S, C_3S	C_3S

（4）白云石质耐火材料的组成接近于图 4-22 中 C_3S 与 MgO 的连线上，即白云石质耐火材料中含有方镁石、C_3S、CaO 与少量 C_2S。

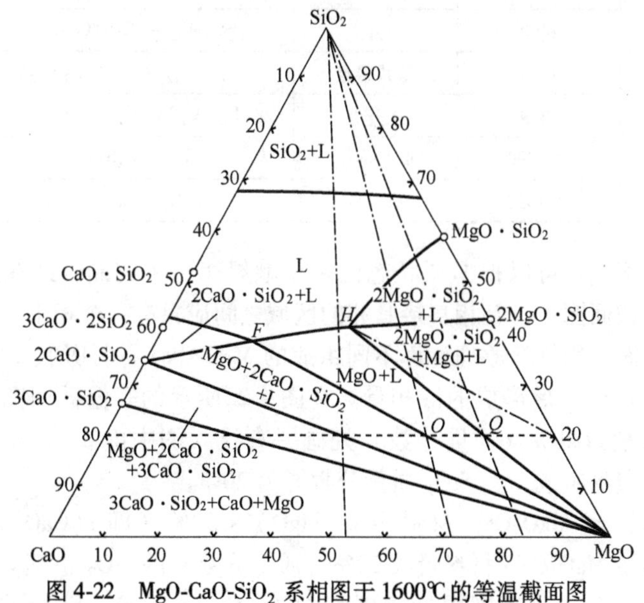

图 4-22 $MgO-CaO-SiO_2$ 系相图于 1600℃ 的等温截面图

（5）$MgO-CaO-SiO_2$ 系无变量点性质见表 4-2。

$MgO-CaO-SiO_2$ 系相图在 1500~1700℃ 的等温截面图十分有用。下面以 1600℃ 的等温截面图为例来说明。由 $MgO-CaO-SiO_2$ 三元系相图绘制出的1600℃时等温截面图，如图 4-22 所示。绘制出的等温截面

表 4-2 $MgO-CaO-SiO_2$ 系无变量点性质

点	温度/℃	性 质	相平衡关系
1	约 1375	低共熔点	$L_1 \rightleftharpoons CMS_2+MS+S$
2	1320	低共熔点	$L_2 \rightleftharpoons CS+CMS_2+S$
3	1350	低共熔点	$L_3 \rightleftharpoons CS+CMS_2+C_2MS_2$
4	1357	低共熔点	$L_4 \rightleftharpoons CMS_2+C_2MS_2+M_2S$
5	1390	双升点	$L_5+M_2S \rightleftharpoons CMS_2+MS$
6	1430	双升点	$L_6+CMS \rightleftharpoons C_2MS_2+M_2S$
7	1502	双升点	$L_7+M \rightleftharpoons CMS+M_2S$
8	1436	双升点	$L_8+C_3MS_2 \rightleftharpoons C_2MS_2+CMS$
9	1490	双升点	$L_9+M \rightleftharpoons C_3MS_2+CMS$
10	1575	双升点	$L_{10}+C_2S+M \rightleftharpoons C_3MS_2$
11	1400	双升点	$L_{11}+C_3MS_2 \rightleftharpoons C_2S+C_2MS_2$
12	1376	低共熔点	$L_{12} \rightleftharpoons CS+C_3S_2+C_2MS_2$
13	1379	双升点	$L_{13}+C_2S \rightleftharpoons C_3S+C_3S+M$
14	约 1790	低共熔点	$L_{14} \rightleftharpoons C_2S+C_3S+M$
15	约 1850	双升点	$L_{15}+C \rightleftharpoons C_3S+M$

图是否正确，可以根据“状态区域接触规律”来判断，即在三元系的等温截面图中，互相直接紧邻的区域之间应只有一个相不同。

下面采用杠杆原理计算不同组成的 MgO-CaO 材料吸收 20%（质量分数）SiO_2 后形成的液相量。在图 4-22所示的等温截面图上，于 SiO_2 含量为 20%（质量分数）处画一直线（图中虚线），在此直线上任一点的组成，其 SiO_2 质量分数皆为 20%。

（1）当 MgO-CaO 材料中 $w(MgO)<53\%$（即 $w(CaO)>47\%$）时，即使 MgO-CaO 材料吸收 20%（质量分数）的 SiO_2 也不会出现液相。因为在组成范围内处于固相 $MgO+CaO+3CaO\cdot SiO_2$ 或 $MgO+3CaO\cdot SiO_2+2CaO\cdot SiO_2$ 共存区。

（2）当 MgO-CaO 材料中 $w(MgO)>53\%$（即 $w(CaO)<47\%$）时，吸收 20%（质量分数）SiO_2 后才开始进入（$MgO+2CaO\cdot SiO_2+L$）共存区。组成在三角形 $2CaO\cdot SiO_2$-MgO-F 内时，液相组成一直保持

在 F 点，固相组成则是沿 $2CaO \cdot SiO_2$-MgO 线上变化的。液相的质量分数从 0 开始按杠杆原理升至 52.5%，即：

$$w(\text{液相}) = \frac{(O\text{-MgO})\ \text{线长度}}{(F\text{-MgO})\ \text{线长度}} \times 100\% = 52.5\%$$

（3）当 MgO-CaO 材料中 w(MgO) 在 71%~84%时，则吸收 20%（质量分数）SiO_2 后的总组成 O-Q 在三角形 F-MgO-H 内，即 MgO+L 区域内。固相组成为纯 MgO，而液相组成是沿 F-H 线变化。根据杠杆原理，液相的质量分数则由 52.5%变为 48.5%，即：

$$w(\text{液相}) = \frac{(Q\text{-MgO})\ \text{线长度}}{(H\text{-MgO})\ \text{线长度}} \times 100\% = 48.5\%$$

（4）当 w(MgO)>84%时，则吸收 20%（质量分数）SiO_2 后的总组成进入 $2MgO \cdot SiO_2$+MgO+L 共存区。液相组成固定在 H 点，固相由 MgO+$2MgO \cdot SiO_2$ 构成，组成是变化的。液相的质量分数由 48.5%降为 0，即：

$$w(\text{液相}) = \frac{0}{(H-20)\ \text{线长度}} \times 100\% = 0$$

根据上面的液相质量分数变化，可绘制出不同组成的 MgO-CaO 材料在 1600℃吸收 20%（质量分数）SiO_2 后的液相含量，如图 4-23 所示。

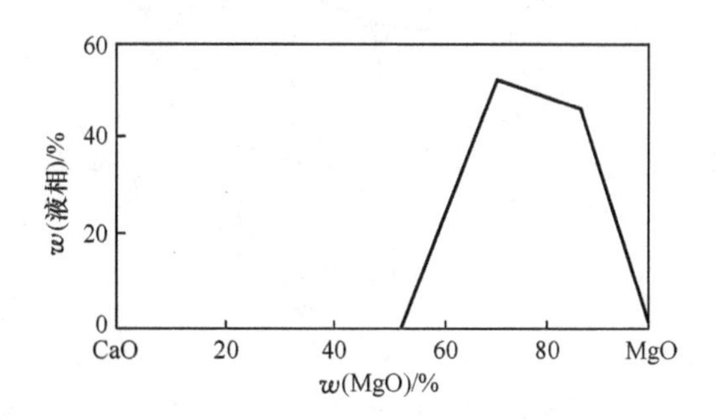

图 4-23　不同组成的 MgO-CaO 材料在 1600℃吸收 20%（质量分数）SiO_2 后产生的液相含量

若耐火材料内形成的液相过多，则耐火材料将自行瓦解或者被冲刷掉。

4.9 $MgO-CaO-ZrO_2$ 系相图

镁白云石（MgO-CaO）耐火材料虽然能抗碱性氧化物侵蚀，不会被还原性气氛还原，还能在水泥回转窑挂上窑皮。但砖中 CaO 易水化，与窑内气氛中的 CO_2 和 SO_2 反应生成 $CaCO_3$ 和 $CaSO_4$ 产生较大体积效应，破坏砖的组织结构；当水泥原料中氧化铁含量高时，与镁白云石砖中 CaO 形成低熔物而不易形成稳定性窑皮。而 MgO-CaO-ZrO_2 砖既具有上述优点，又能克服上述缺点。

图 4-24 示出了 MgO-CaO-ZrO_2 系相图。从图可知，MgO-CaO-ZrO_2 系材料的最低共熔点温度 E_2 与 E_3 分别高达 1960℃与 1990℃，说明 MgO-CaO-ZrO_2 材料具有很好的耐火性能。而且由于材料中的 CaO 部分或全部与 ZrO_2 生成了不会水化的 CaO · ZrO_2，因此 MgO-CaO-ZrO_2 材料也不存在水化的缺点。

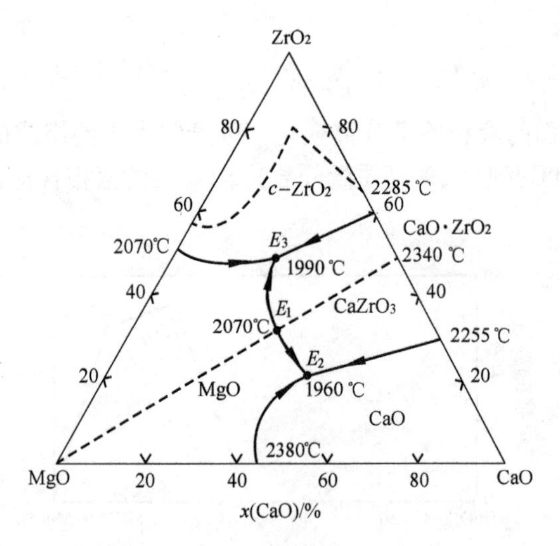

图 4-24 MgO-CaO-ZrO_2 三元系相图

用于硅酸盐水泥回转窑烧成带的镁钙锆砖的化学组成（质量分数）大致为：MgO 80%～85%，CaO 4%～8%，ZrO_2 9%～12%。砖中 ZrO_2 还能提高渗入砖中液相的黏度，从而有助于挂窑皮与窑皮的稳定性，并抑制了液相向砖内进一步渗透。

图 4-25 是 $MgO-CaO-ZrO_2$ 系在 1700℃的等温截面图。从图可知，在以 MgO 为主的 $MgO-CaO-ZrO_2$ 材料中，根据 ZrO_2 与 CaO 分子比例不同，其矿物相为方镁石固溶体（Mss）+立方 ZrO_2 固溶体（c-Zss）或方镁石固溶体（Mss）+CaO · ZrO_2(CZ）+立方 ZrO_2 固溶体或方镁石固溶体+CaO · ZrO_2+CaO固溶体（Css）。为避免 CaO 水化，镁钙锆材料的物相组成以在方镁石固溶体+CaO · ZrO_2+立方 ZrO_2 固溶体相区内较合适。

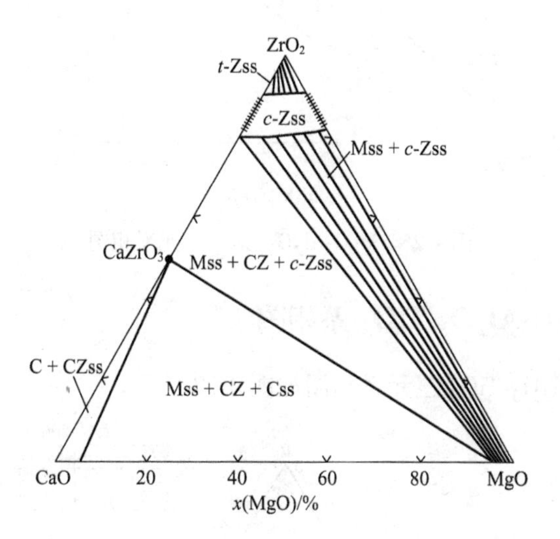

图 4-25 $MgO-CaO-ZrO_2$ 系在 1700℃的等温截面图

4.10 $MgO-Al_2O_3-ZrO_2$ 系相图

$MgO-Al_2O_3-ZrO_2$ 三元系相图如图 4-26 所示，它是研究和开发 MgO-Spinel-ZrO_2 质耐火材料的基础。从图可看出，在 $MgO-Al_2O_3-ZrO_2$ 三元系不存在稳定的三元化合物，仅存在一个二元化合物：MgO · Al_2O_3。该三元系中最低共熔点温度为 1830～1840℃。表明在 1800℃的高温下，$MgO-Al_2O_3-ZrO_2$ 混合物不会出现液相。Spinel-ZrO_2 连线将 $MgO-Al_2O_3-ZrO_2$ 三角形划分为两个部分，MgO-Spinel-ZrO_2 和 Spinel-ZrO_2-Al_2O_3 两个三角形，其最低共熔点温度分别是 1830℃与 1840℃。

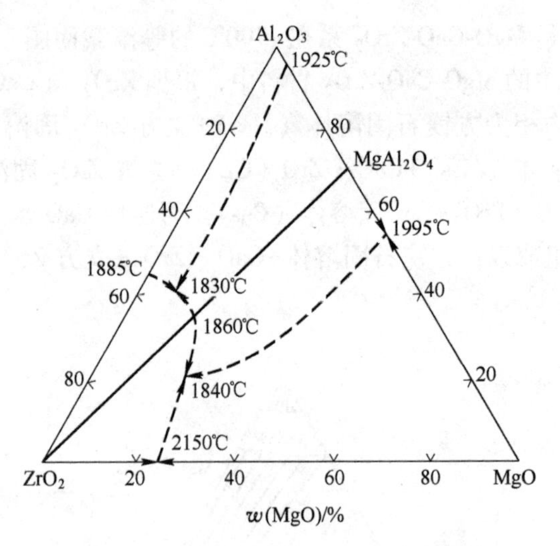

图 4-26 $MgO-Al_2O_3-ZrO_2$ 三元系相图

4.11 $MgO-Al_2O_3-TiO_2$ 系相图

$MgO-Al_2O_3-TiO_2$ 三元系相图如图 4-27 所示。

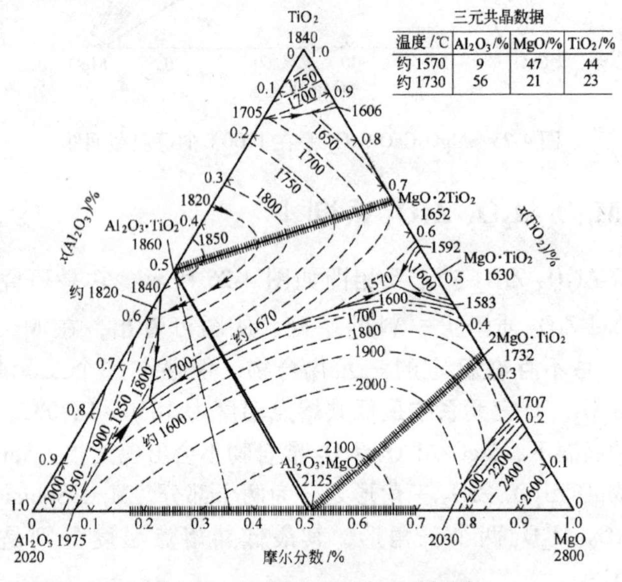

三元共晶数据

温度/℃	Al_2O_3/%	MgO/%	TiO_2/%
约 1570	9	47	44
约 1730	56	21	23

图 4-27 $MgO-Al_2O_3-TiO_2$ 系相图

4.12 ZrO_2-CaO-Al_2O_3 系相图

图 4-28 示出了 ZrO_2-CaO-Al_2O_3 三元系不同温度的液相线。

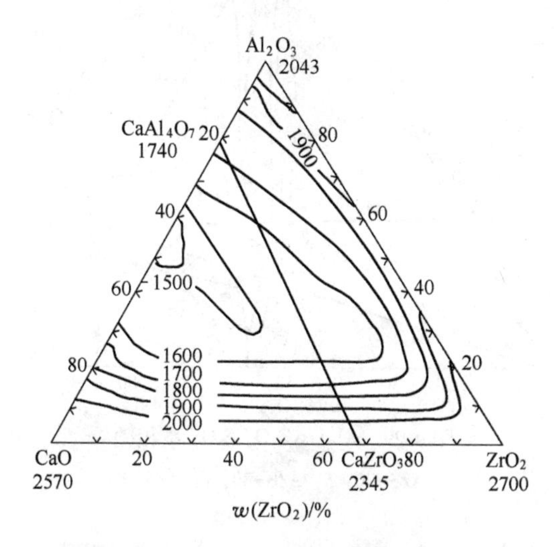

图 4-28 ZrO_2-CaO-Al_2O_3 系等熔点线图

从图 4-28 可以看出，在炉外精炼温度或铝酸钙水泥烧成带温度 1550~1700℃时，液相区十分大。因此 CaO-ZrO_2 材料抗 Al_2O_3 或 CaO-精炼渣以及铝酸钙水泥的侵蚀性差。但这正是连铸浸入式水口选用 CaO-ZrO_2 材料以防止因钢液中 Al_2O_3 沉积而造成水口堵塞的依据。因为 CaO-ZrO_2 水口材料易与钢液中 Al_2O_3 形成液相而会被钢流冲走，不能再沉积在水口材质上而造成堵塞。

4.13 Al_2O_3-ZrO_2-SiO_2 系相图

Al_2O_3-ZrO_2-SiO_2（AZS）材料具有很多优良性质，如抗玻璃熔体与连续铸钢保护渣侵蚀性优良，抗热震性好，强度高等，被广泛用作玻璃熔窑熔池的内衬，以及浇钢用水口与滑板的材质。Al_2O_3-ZrO_2-SiO_2 系相图如图 4-29 所示。ZrO_2 质量分数为 20%、30% 与 40% 的 AZS-20、AZS-30 与 AZS-40 熔铸耐火材料的配料组成点分别大致在图中点 *a*、*b* 与 *c* 处。

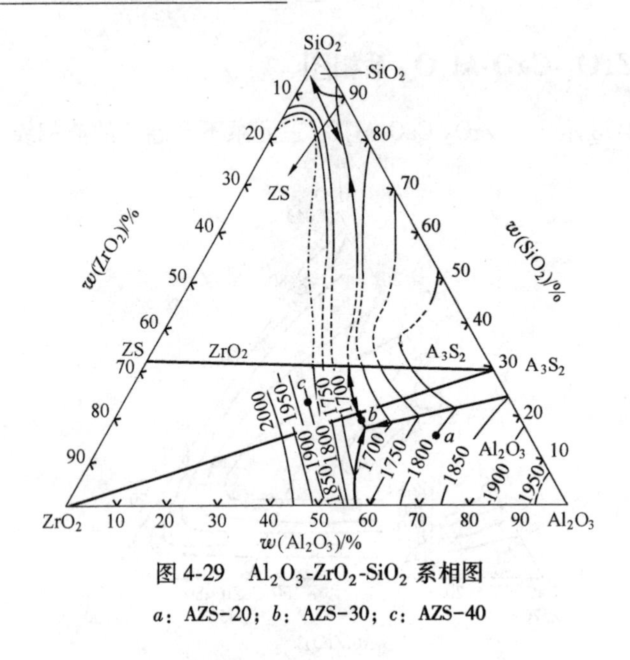

图 4-29 Al_2O_3-ZrO_2-SiO_2 系相图

a：AZS−20；*b*：AZS−30；*c*：AZS−40

4.14 在不同氧压下 MgO-CaO-氧化铁系相图

关于高价氧化铁与低价氧化铁对镁质或白云石质耐火材料的熔蚀，可以用1500℃时的 MgO-CaO-Fe_2O_3 相图（见图 4-30）和 MgO-CaO-FeO 相图（见图 4-31）来说明。从中可以看出，当组成不超出 MW+CaO 区域时，就不会出现液相；但不出现液相的 MW+CaO 区域，图 4-30 比图 4-31 要小得多。也就是说，MgO-CaO 质耐火材料在还原气氛下比在氧化气氛中能吸收更多的氧化铁而不出现液相。例如：最初组成为图中点 *X*（含50%（质量分数）MgO）的 MgO-CaO 质耐火材料，当其在1500℃与铁的氧化物 Fe_2O_3 或 FeO 接触发生作用时，材料的组成将沿着连接 *X* 点和组成三角形的氧化铁（Fe_2O_3 或 FeO）顶点的连线变化，如图中箭头所示。可见，当组成为 *X* 的 MgO-CaO 耐火材料与 Fe_2O_3 接触时，耐火材料中只要吸收 3%（质量分数）的 Fe_2O_3 就会出现液相而开始熔化；而与 FeO 接触时情况就很不一样了，要吸收约 22%（质量分数）的 FeO 才会出现液相，开始熔化。因此，在 MgO-CaO 质耐火材料中加入石墨制成的 MgO-CaO-

C材料，由于碳的存在而造成的还原性气氛，对其抗含氧化铁的炉渣的熔蚀作用非常有好处。

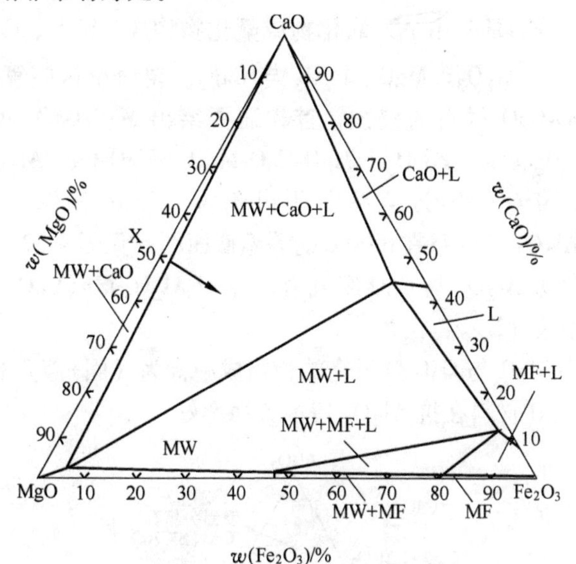

图 4-30 在1500℃空气条件下 $MgO-CaO-Fe_2O_3$ 系相图

MW—镁浮氏体；MF—镁铁矿

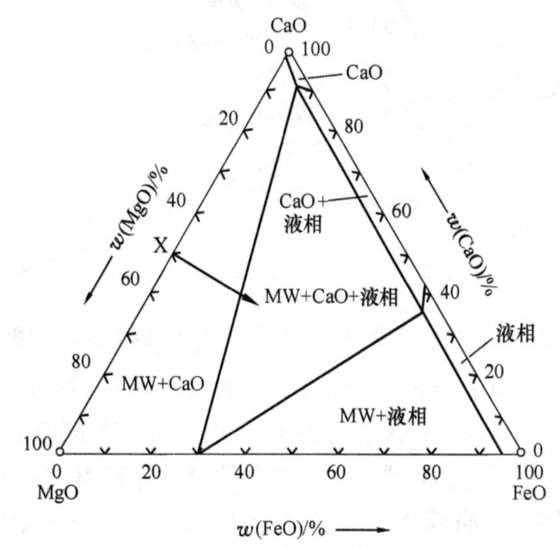

图 4-31 1500℃和0.01Pa氧分压时 MgO-CaO-FeO 相图

4.15 从相图剖析炉渣对 MgO-CaO 材料的侵蚀

冶金炉渣通常是由下列氧化物或氟化物构成：SiO_2、CaO、FeO、Fe_2O_3、MnO、Al_2O_3、MgO、P_2O_5 与 CaF_2。要讨论这些氧化物或氟化物对 MgO-CaO 材料的侵蚀，首先需要绘出 MgO-CaO-SiO_2、MgO-CaO-FeO、MgO-CaO-Fe_2O_3、MgO-CaO-MnO、MgO-CaO-Al_2O_3、MgO-CaO-P_2O_5、MgO-CaO-CaF_2 系在所讨论温度下的相图。例如，从 MgO-CaO-Al_2O_3 三元系在1600℃的等温截面图（见图 4-32）可看出：

（1）靠近 Al_2O_3 与 CaO 组成边，且 $n(Al_2O_3)/n(CaO)$ 为 2~0.3 时有一液相区（L）。

（2）在 MgO 与 CaO 含量高的相组成中皆为（固+液）相共存区，表明 MgO-CaO 材料在抗 Al_2O_3 侵蚀方面不好。

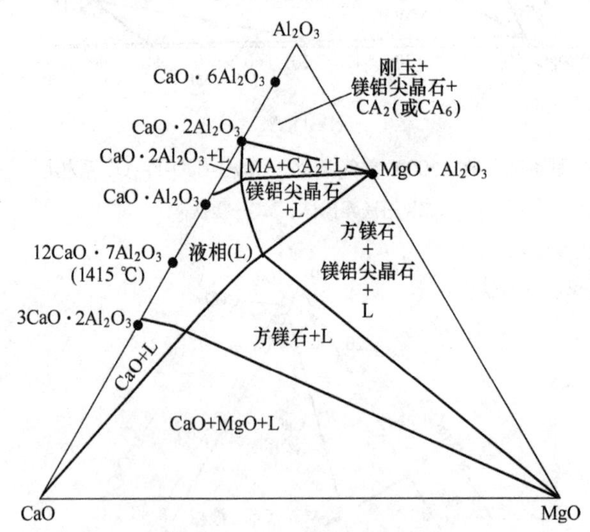

图 4-32 MgO-CaO-Al_2O_3 相图于 1600℃的等温截面图

根据 MgO-CaO-SiO_2、MgO-CaO-FeO、MgO-CaO-Fe_2O_3、MgO-CaO-MnO、MgO-CaO-Al_2O_3、MgO-CaO-P_2O_5 以及 MgO-CaO-CaF_2 系讨论 1600℃下的等温截面图，运用杠杆原理可计算 MgO-CaO 系材料在 1600℃吸收 5%、10%或 20%（质量分数）的上述某一氧化物或 CaF_2 后产生的液相量，并绘制出图 4-33 与图 4-34。从中可以看出：

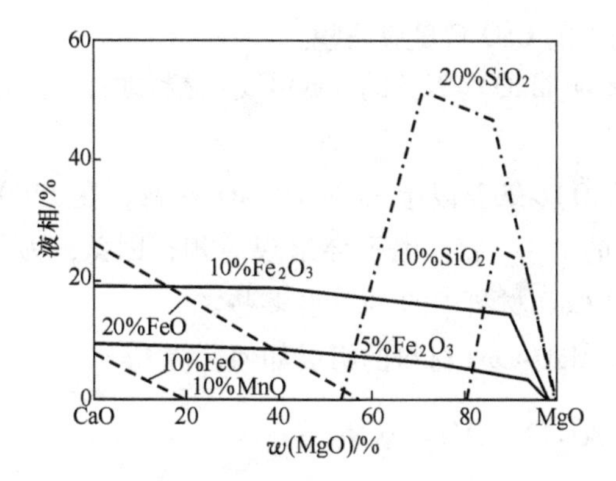

图 4-33　不同组成的 MgO-CaO 材料在 1600℃吸收一定量 SiO_2、FeO、Fe_2O_3 或 MnO 后产生的液相量

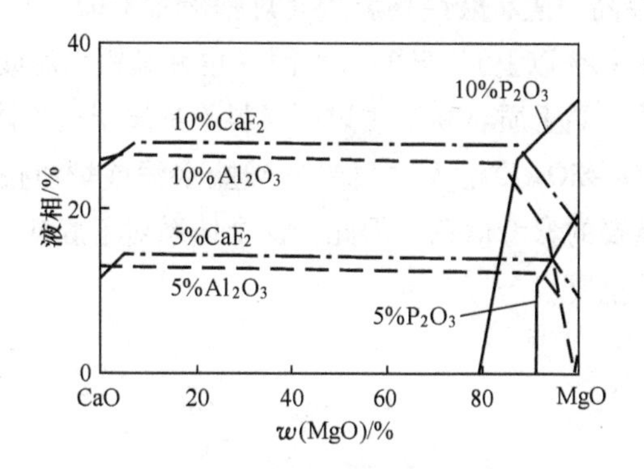

图 4-34　不同组成的 MgO-CaO 材料在 1600℃吸收一定量 Al_2O_3、P_2O_5 或 CaF_2 后产生的液相量

（1）w(MgO)>60%的 MgO-CaO 材料，即使在1600℃吸收 20%（质量分数）的 FeO，也不产生液相，即w(MgO)>60%的 MgO-CaO 材料抗 FeO 侵蚀性好。

（2）随着 MgO-CaO 材料中 MgO 含量的增加，吸收 Fe_2O_3 后产生的液相量减少；因此，MgO 含量越多，抗 Fe_2O_3 侵蚀能力越强。

（3）无论是哪种组成的 MgO-CaO 材料，吸收 10%（质量分数）的 MnO 后都不会出现液相；因此，MgO-CaO 材料都能抗 MnO 侵蚀。

（4）w(MgO)<50%的 MgO-CaO 材料，在 1600℃吸收 20%（质量分数）的 SiO_2 后，也没有液相出现；因此，为了抗 SiO_2 侵蚀，希望

MgO-CaO 材料中的 CaO 含量应高些。

（5）只有 $w(MgO)>92\%$的 MgO-CaO 材料才能较好地抵抗 Al_2O_3 侵蚀。

（6）$w(CaO)>20\%$ 以上的 MgO-CaO 材料，在 1600℃ 吸收 10%（质量分数）的 P_2O_5 后，也不会出现液相；因此，为了抗 P_2O_5 侵蚀，希望 MgO-CaO 材料中的 CaO 要多些。

（7）不论 MgO-CaO 材料的组成如何，抗 CaF_2 侵蚀均不理想。

4.16 CaO-Al_2O_3-SiO_2 体系

CaO-Al_2O_3-SiO_2 系是与无机非金属材料非常相关的体系，如图 4-35 所示。碱性高炉渣、酸性高炉渣（炼铁渣中 CaO、Al_2O_3、SiO_2 质量分数之和在 90%以上）、硅酸盐水泥（也称高铝水泥或矾土水泥）、硅质、半硅质、黏土质、高铝质耐火材料等都属于这个体系。这个体系对说明 Al_2O_3-SiO_2 质耐火材料受硅酸盐水泥或炉渣侵蚀的反应机制也提供了重要的参考信息。因此，这个体系对于炼铁、水泥、耐火材料工业都很重要。

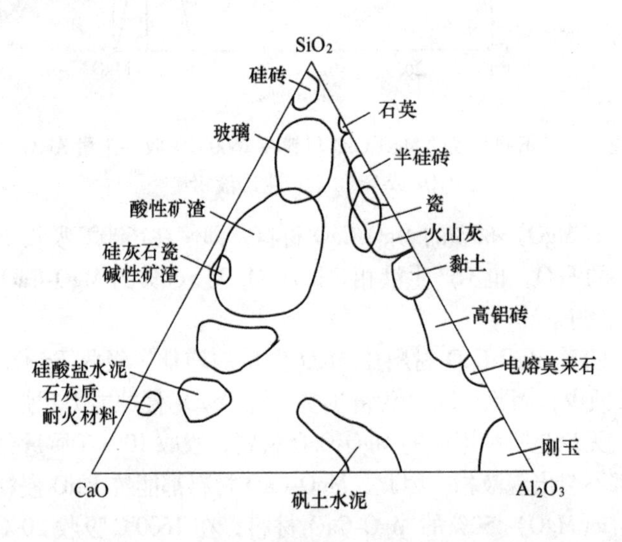

图 4-35 CaO-Al_2O_3-SiO_2 系统中各种材料组成范围示意图

4.16.1 $CaO-Al_2O_3-SiO_2$ 系相图

$CaO-Al_2O_3-SiO_2$ 系相图如图 4-36 所示。此体系内有 10 个二元化合物，其中，同分熔融化合物（或显露熔点化合物）有 6 个：CS（1544℃）、C_2S（2130℃）、$C_{12}A_7$（1455℃）、CA（1600℃）、CA_2（1770℃）和 A_3S_2(1850℃)；异分熔融化合物 4 个：C_3S_2(1475℃)、C_3S(1900℃)、C_3A(1535℃) 和 CA_6(1903℃)。此体系内的同分熔融三元化合物有 2 个：CAS_2(钙长石，1550℃) 与 C_2AS（钙铝黄长石，1590℃)，以这两个三元化合物熔点为定点的初晶区的温度坡度极平坦。该体系内还有 2 个三元化合物 C_3AS 与 C_3AS_3，它们都是不稳定化合物。C_3AS 在 1335℃ 固态时就分解成 C_2S 与 CA（即 C_3AS→

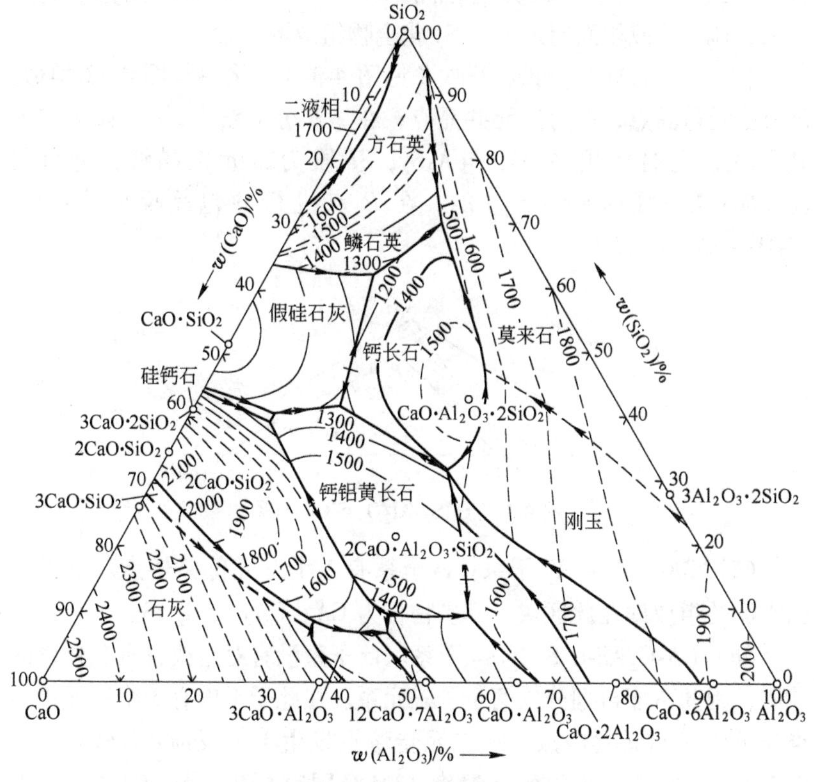

图 4-36 $CaO-Al_2O_3-SiO_2$ 系相图

C_2S+CA)，这个化合物没有液相面，没有初晶区，所以在图4-36的相图中没有此化合物，但从C_2S-CA和C-C_2AS的两连线的交点很容易找到其组成点的位置。C_3AS_3（钙铝榴石）在1080℃固体状态时就分解成C_2AS、CS或CAS_2，所以在相图中也没有它的相区。CaO-Al_2O_3-SiO_2系相图可划分为8个子三元系来进行分析讨论：

（1）SiO_2-CS-CAS_2子系。在此子三元系中有一熔体分层的二层区，当Al_2O_3加入量达到3%（质量分数）时，熔体就不再分层。在此子三元系中有一个三元低共熔点，温度为1170℃。

（2）CS-CAS_2-C_2AS子系。此子三元系为一最简单的三元低共熔点系，其低共熔点温度为1265℃。

（3）CS-C_2AS-C_2S子系。此子三元系与生成1个异分熔融二元化合物的三元系状态图的类型相同。具有异分熔融的二元化合物是C_3S_2，C_2S的液相面超过了C_3S_2化合物组成的位置。

（4）CAS_2-Al_2O_3-SiO_2子系（见图4-37）。此图与图4-12类似：P为三元包晶点，E为三元共晶点；在e_1P分界线上，e_1S段为二元共晶线，同时析出Al_2O_3与A_3S_2；SP段为二元包晶线，进行包晶反应：$L_1+Al_2O_3 \rightleftharpoons A_3S_2+L_2$。在$P$点进行的包晶反应为：$L+Al_2O_3 \rightleftharpoons A_3S_2+CAS_2$。

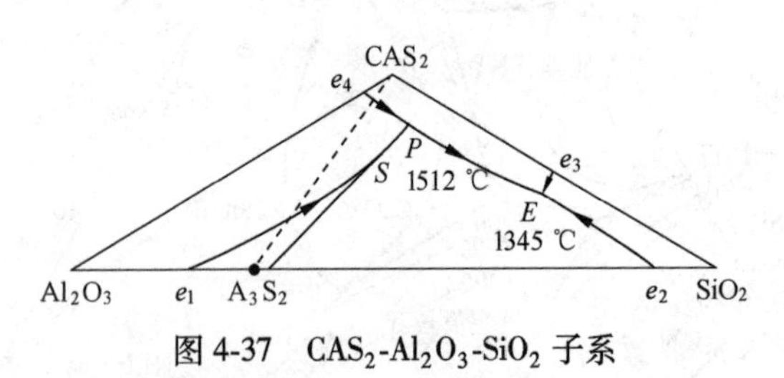

图4-37 CAS_2-Al_2O_3-SiO_2子系

（5）CA-C_2AS-CA_2子系。该子系有1个三元低共熔点。低钙高铝水泥的组成即在此区域，其矿物相为CA、CA_2与C_2AS。

（6）CA-C_2AS-C_2S-$C_{12}A_7$子系。此子系没有对角线具有二元系的性质，因此不能再划分成两个子三元系。在此子系中有1个三元转熔点与1个三元低共熔点。在三元转熔点发生下列反应：$L+C_2AS \rightleftharpoons C_2S+CA$；在三元低共熔点温度1335℃同时析出CA、$C_{12}A_7$与β-

C_2S。因此，在此区域的高铝水泥的矿物相有 CA、$C_{12}A_7$ 与 C_2S。

（7）$CA_2-C_2AS-CAS_2-Al_2O_3$ 子系。此子系中没有一条对角线具有二元系的性质，因此不能再分割成为独立的子三元系。在图 4-38 中用箭头标出了各分界线的温度下降方向。E 为三元低共熔点，温度 1380℃。P_1、P_2 为三元转熔点，在 P_1 发生反应：$L+Al_2O_3 \rightleftharpoons CAS_2+CA_6$；在 P_2 发生反应：$L+CA_2 \rightleftharpoons C_2AS+CA_6$。

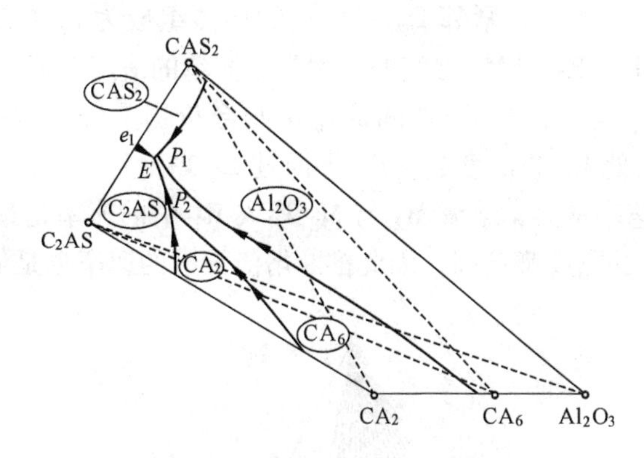

图 4-38 $CA_2-C_2AS-CAS_2-Al_2O_3$ 子系

（8）$CaO-C_2S-C_{12}A_7$ 子系。在图 4-39 中用箭头标出了各分界线的温度下降方向。在该子系中有 1 个三元低共熔点，2 个三元转熔点。低共熔点温度约为 1335℃；在 2 个三元转熔点分别发生反应 $L+CaO \rightleftharpoons C_3S+C_3A$（约 1470℃）和 $L+C_3S \rightleftharpoons C_2S+C_3A$（约 1455℃）。硅酸盐水泥的组成主要是在三角形 $C_2S-C_3S-C_3A$ 范围内，因此在该三角形内所示组成的结晶途径最有实际意义。

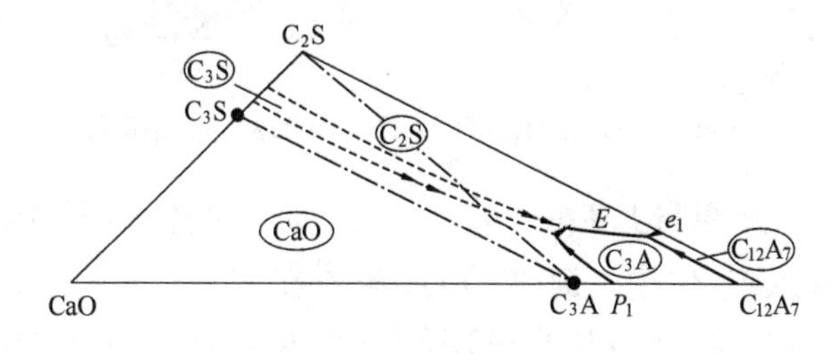

图 4-39 $CaO-C_2S-C_{12}A_7$ 子系

4.16.2　$CaO-Al_2O_3-SiO_2$ 系在 1450℃的等温截面图

图 4-40 示出了 $CaO-Al_2O_3-SiO_2$ 系在 1450℃时的等温截面图。图中，阴影部分为固-液二相区，中心部分为液相区。耐火材料在熔渣中溶解时，其途径的一端为熔渣的组成，另一端在耐火材料的液相线上。只要熔渣组成保持不变，这一途径应是不变的。紧邻 R_1（莫来石）的熔体组成 L_1，紧邻 R_2（CA_6）的熔体组成为 L_2'。从中可以看出：R_1 与 M_1、R_2 与 M_3 之间的作用是一简单的溶解，但 R_1 与 M_2 或 M_3，以及 R_2 与 M_1 或 M_2 之间的作用则会析出 CAS_2（钙长石）晶体。R_1 界面处 L_1 的黏度高，R_2 界面处 L_2 黏度低。因此，熔渣 M_2 渗入 R_2 的速率最大，熔渣 M_2 与 M_3 渗入 R_1 中的速率是最小的。由于 L_1 与 M_1 的黏度都甚高，因此推断熔渣渗入的速率也是低的。

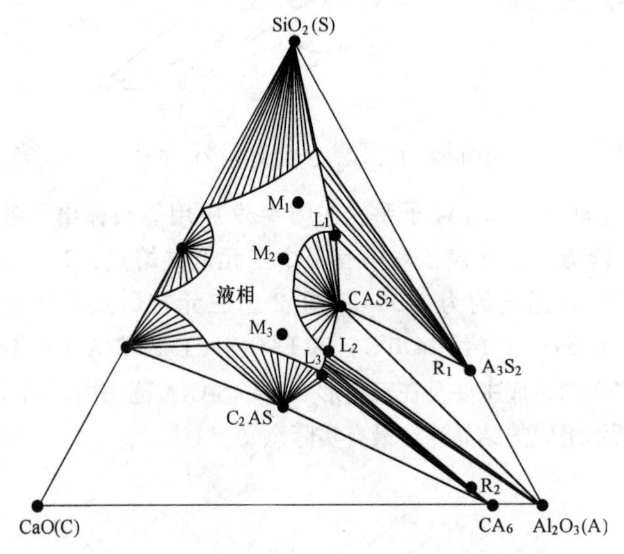

图 4-40　$CaO-Al_2O_3-SiO_2$ 系在 1450℃的等温截面图

实验研究结果与上述推断完全一致，而且熔渣 M_2 或 M_3 几乎一点也不能渗入到 R_1 中。例如：Raju 等[4]在 1550℃时将组成（质量分数）为 28%CaO+30%MgO+42%SiO_2 和 36%MgO+64%SiO_2 的两种熔渣分别放在显气孔率为 15%的镁橄榄石砖上，未发现有渣渗入砖中。这是由于这两种熔渣与砖作用后的组成位于橄榄石结晶区，会在界面上生长新的晶体，从而使孔道堵塞、封闭。Herzog[5]曾对镁砖与 CaO-Al_2O_3-SiO_2 渣接触时生成尖晶石 MgO · Al_2O_3 保护层进行研究得出：要在镁砖上形成尖晶石保护层，熔渣组成必须在 MgO-Al_2O_3-SiO_2-CaO 相图的镁铝尖晶石结晶区内。

采用白云石造渣，使渣中 MgO 含量接近或达到饱和，当温度下降即析出晶体，黏度增大，黏附在炉壁表面形成保护层，均属于上述情况。

4.16.3 CaO-Al_2O_3-SiO_2 系在 1600℃的等温截面图

图 4-41 示出了 CaO-Al_2O_3-SiO_2 系相图在 1600℃ 的等温截面图。从图 4-41 可知，1600℃时液相区范围相当大，因此在刚玉质、硅砖或莫来石材料中，CaO 为有害杂质；在 MgO-CaO 材料中，Al_2O_3 与 SiO_2 也是有害杂质。

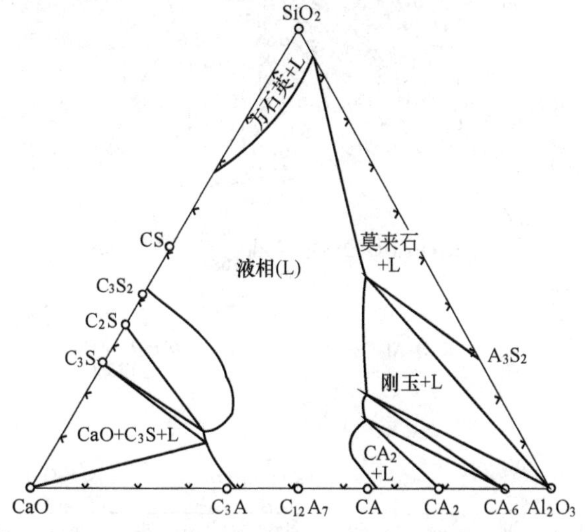

图 4-41 CaO-Al_2O_3-SiO_2 系在 1600℃时的等温截面图

4.17 Al_2O_3-SiO_2-K_2O 系与 Al_2O_3-SiO_2-Na_2O 系相图

图 4-42 与图 4-43 示出 Al_2O_3-SiO_2-K_2O 与 Al_2O_3-SiO_2-Na_2O 系相

图。从图可见 K_2O 或 Na_2O 能大幅度地降低 Al_2O_3-SiO_2 系开始形成液相的温度。在莫来石和刚玉的二元系中，形成液相的温度为 1840℃，而 Al_2O_3-SiO_2-K_2O（或 Na_2O）系的高铝区液相形成温度为 1315℃（或 1104℃），降低了 525℃（或 736℃）；在低铝区，Al_2O_3-SiO_2 系液相形成温度为 1595℃，而 Al_2O_3-SiO_2-K_2O（或 Na_2O）系液相形成温度为 985℃（或 1050℃）降低了 610℃（或 545℃）。在有其他杂质氧化物共同存在的多元系中，开始出现液相的温度更低。

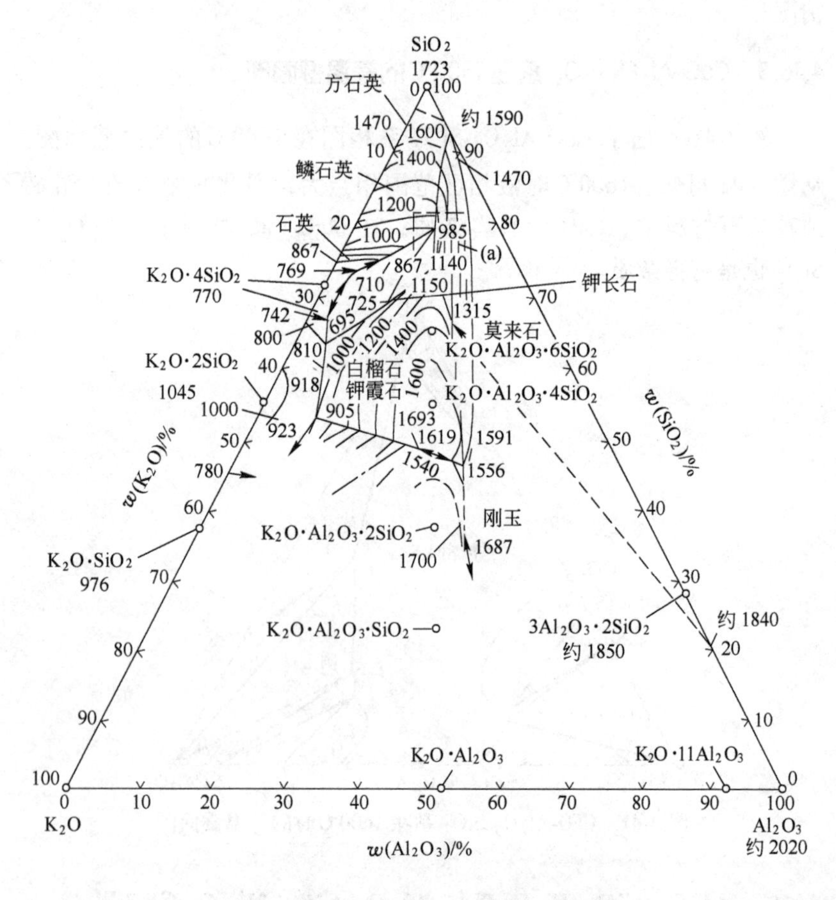

图 4-42　Al_2O_3-SiO_2-K_2O 系相平衡图

在 Al_2O_3-SiO_2-K_2O(Na_2O) 系三元系统中，当 K_2O(Na_2O) 含量

增加时，随着温度的升高，所形成的高温液相量迅速增加。从相图可以粗略地计算出：1%K_2O 在 Al_2O_3/SiO_2 比值大于 2.55 的高铝区，当三元无变点温度为 1315℃时，形成 7.2%的液相；而在低铝区，当三元无变点为 985℃时，形成 10.1%的液相。由于 K_2O（Na_2O）大幅度降低 Al_2O_3-SiO_2 系液相形成的温度，增加液相量，从而降低耐火材料的高温性能；例如会大幅降低荷重软化温度。

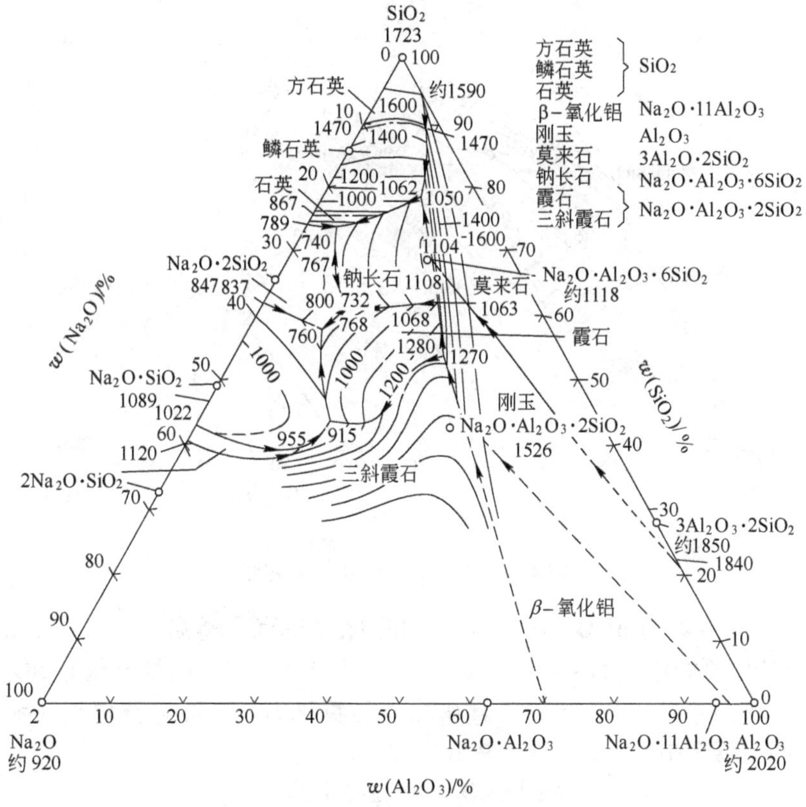

图 4-43 Al_2O_3-SiO_2-Na_2O 系相图

4.18 MnO 对 Al_2O_3-SiO_2 质耐火材料的熔蚀

在浇钢系统中常遇到 MnO 对黏土质或高铝质耐火材料的侵蚀问题。黏土质或高铝质都属于 Al_2O_3-SiO_2 系耐火材料。MnO 对这些材料的熔蚀，可以很好地用图 4-44 所示的 Al_2O_3-SiO_2-MnO 系相图来说明。

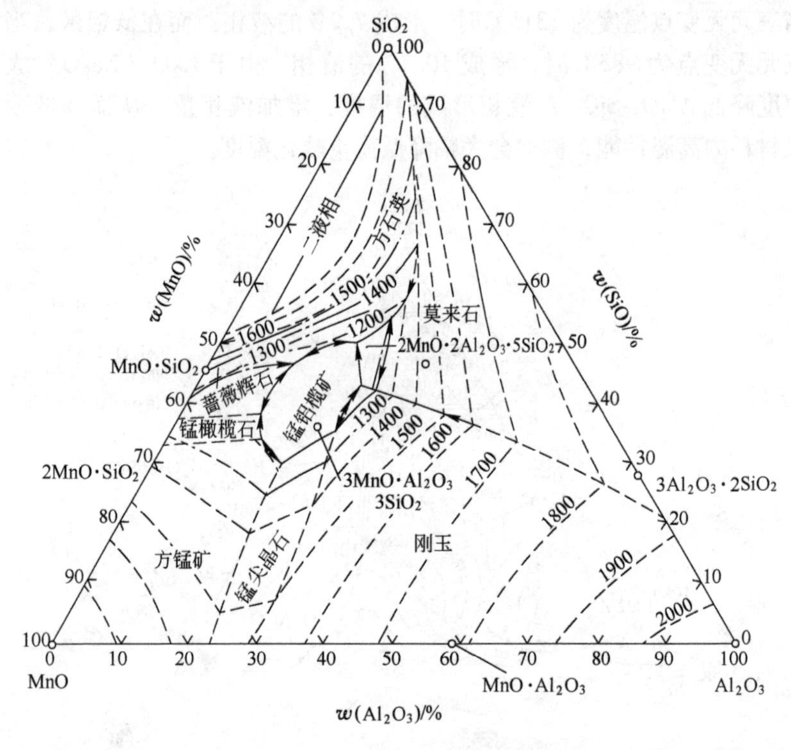

图 4-44　Al_2O_3-SiO_2-MnO 系相图

图 4-45 为 Al_2O_3-SiO_2-MnO 系相图在 1550℃的等温截面图。设黏土砖的原始组成为 45%（质量分数）Al_2O_3+55%（质量分数）SiO_2（位于图 4-45 中的点 *A*），其矿物相为莫来石、石英与玻璃相（液相）。锰钢中的 Mn 会与砖中 SiO_2 发生反应

$$2[Mn]+SiO_2 = 2(MnO)+[Si]$$

因此砖中 MnO 含量会增加，而 SiO_2 含量会减少。即黏土砖的热面（工作面）的组成会沿图中 *AB* 线向 MnO 含量增加、SiO_2 含量减少的方向变化。从 *AB* 线所经过的相区可以直接读出存在的矿物相与液相组成，从图 4-45 可知：总组成在石英+莫来石+液相三角形内时，液相的组成一直为 *a* 点，液相中含有大量 SiO_2（约 85%，质量分数），

黏度较大，此时黏土砖损坏尚不严重；当总组成移到莫来石+液相、莫来石+刚玉+液相三角形内中时，液相中 SiO_2 含量迅速减少（至图中点 *b*），而液相量又增加，显然此时的热面就会被严重熔损。根据杠杆原理可算出，总组成中含 5%（质量分数）MnO 时，1550℃下黏土砖中形成的液相量高达 50%（质量分数）。如此多的液相量，这部分耐火材料也就早被熔损掉了。

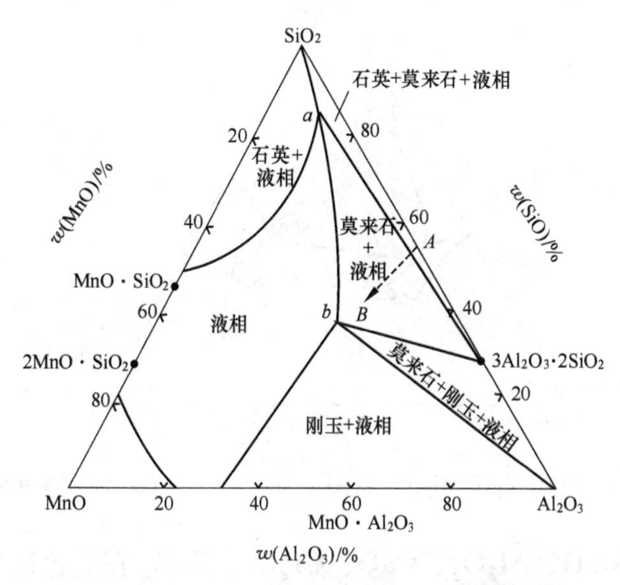

图 4-45 Al_2O_3-SiO_2-MnO 系在 1550℃的等温截面图

类似地，若采用 Al_2O_3 质量分数为 85%的Ⅰ级或特级高铝砖，在 1550℃含 5%（质量分数）MnO 时，形成的液相量却只是 8%（质量分数）。因此，Ⅰ级或特级高铝砖抗 MnO 熔蚀能力要比黏土砖强得多。

4.19 MgO、Al_2O_3、Cr_2O_3、$MgO\cdot Al_2O_3$(MA)、$MgO\cdot Cr_2O_3$(MK) 在 CaO-SiO_2 渣中的溶解度图

根据 MgO-CaO-SiO_2 系、Al_2O_3-CaO-SiO_2 系和 Cr_2O_3-CaO-SiO_2 系相图和有关相图的数据与计算后，可绘制出 MgO、Al_2O_3、Cr_2O_3 及

$MgO·Al_2O_3$(MA) 与 $MgO·Cr_2O_3$(MK) 在 $CaO-SiO_2$ 渣中于1700℃的溶解度，如图 4-46 所示。从图中可以看出：1700℃ 时，MgO、Al_2O_3与MA在$CaO-SiO_2$酸性渣中的溶解度很大，因此 MgO、Al_2O_3 与 $MgO·Al_2O_3$ 抗酸性渣侵蚀都是不好的；而 Cr_2O_3 与 MK 在 $CaO-SiO_2$ 酸性渣中的溶解度较小，抗酸性渣侵蚀较好。

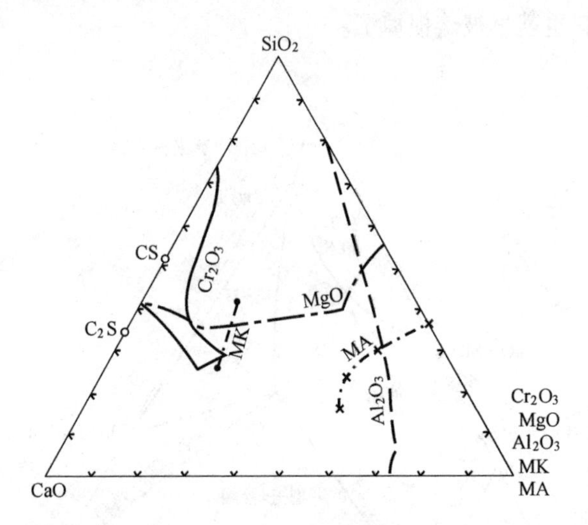

图 4-46 1700℃时 MgO、Al_2O_3、Cr_2O_3、MK 与 MA 在 $CaO-SiO_2$ 渣中的溶解度

4.20 MgO、Al_2O_3、CaO、Cr_2O_3、ZrO_2 在有色冶炼的铁硅渣中的溶解度图

图 4-47 与图 4-48 分别示出了一些耐火氧化物在有色冶炼的 $FeO-SiO_2$渣中的溶解度以及与 $Fe_3O_4(Fe_2O_3)-SiO_2$ 形成的液相区大小。从中可看出：CaO（石灰）在 $FeO-SiO_2$ 渣中溶解度很大，与铁硅渣形成的液相区最大，因此 CaO 质与含 CaO 多的白云石质材料不适宜于做有色重金属冶炼炉的炉衬；SiO_2 是易与 FeO 形成低熔点相的溶剂，因此硅砖与含 SiO_2 的耐火材料也不能用来做有色重金属冶炼炉的炉衬；Cr_2O_3 及 ZrO_2 与铁硅渣构成的液相区小，而且在 $FeO-SiO_2$ 渣中溶解度小，表明 Cr_2O_3 与 ZrO_2 耐火氧化物适于做有色重金属冶炼炉的炉衬。

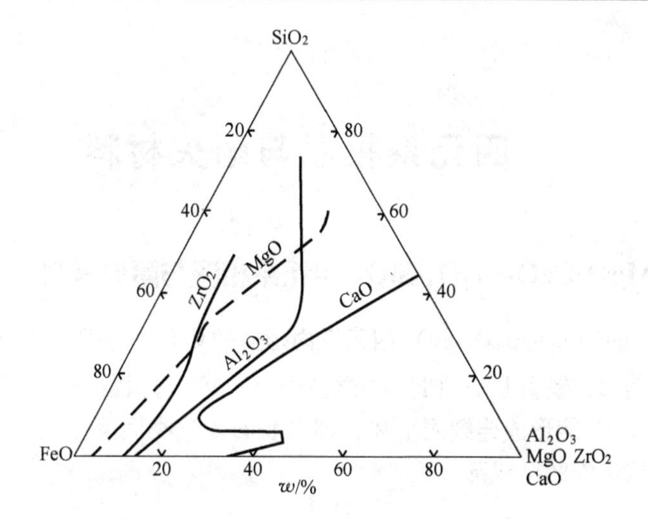

图 4-47 1500℃时 Al_2O_3、MgO、CaO、ZrO_2 在 SiO_2-FeO 渣中的溶解度

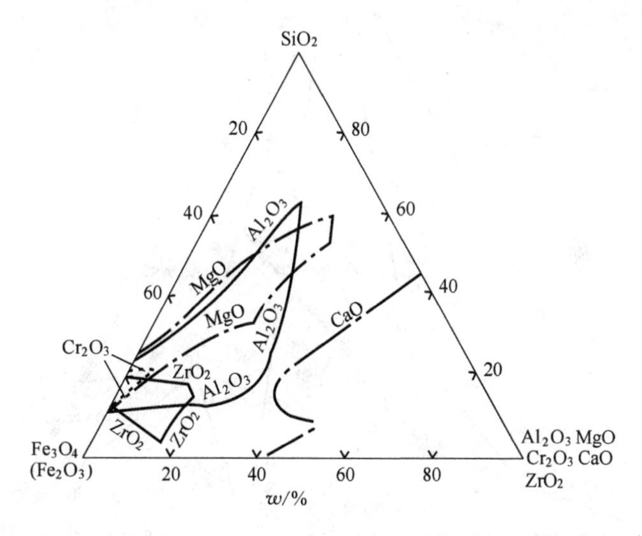

图 4-48 Al_2O_3-SiO_2-Fe_3O_4、Cr_2O_3-SiO_2-Fe_2O_3、ZrO_2-SiO_2-Fe_2O_3、MgO-SiO_2-Fe_3O_4 与 CaO-SiO_2-Fe_2O_3 在 1500℃时的液相区

5 四元系相图与耐火材料

5.1 MgO-CaO-Al_2O_3-SiO_2 四元系相图与耐火材料

在 MgO-CaO-Al_2O_3-SiO_2 四元系内形成的化合物与固溶体如图 5-1 所示。例如，镁黄长石（即镁方柱石）C_2MS_2 与铝黄长石（即铝方柱石）C_2AS 能形成连续固溶体，即黄长石。这类固溶体经常是高炉渣与化铁炉渣的组成部分。

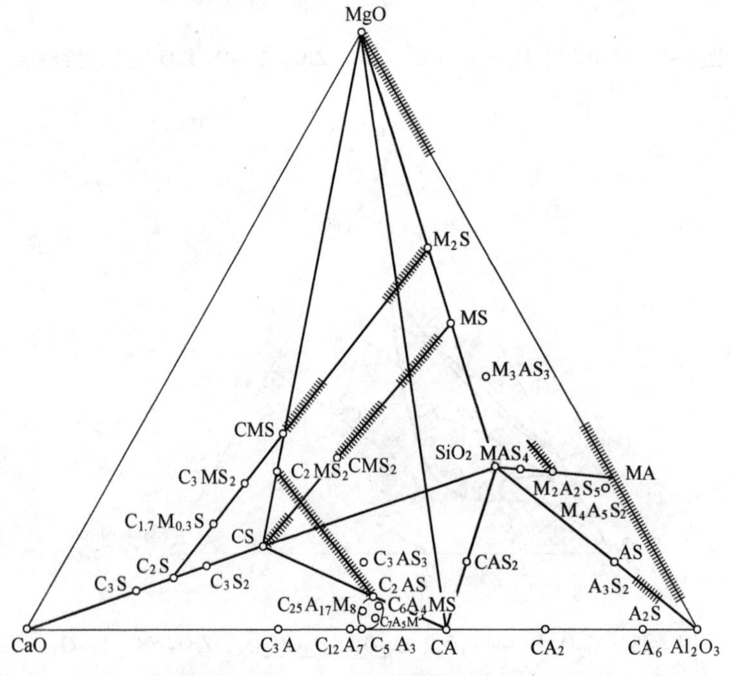

图 5-1 MgO-CaO-Al_2O_3-SiO_2 四元系内存在的化合物与固溶体

（图中┼┼┼┼┼┼┼┼表示固溶体）

钢的炉外精炼渣也基本上属于 MgO-CaO-Al_2O_3-SiO_2 四元系。根据 MgO-CaO-SiO_2、MgO-CaO-Al_2O_3、MgO-Al_2O_3-SiO_2 与 CaO-Al_2O_3-

SiO_2 三元系相图及该四元系的部分资料，绘出了 $CaO-MgO-Al_2O_3-SiO_2$ 系于1600℃时的液相区和饱和面，如图5-2所示，图中有关各点的化学组成如表5-1所示。这些点的组成是从有关相图直接读出的，点 *A* 的组成是通过推算得到的。

图5-2中的 *DE* 线是 MgO 与 CaO（或 C_3S 或 C_2S）在1600℃时的双饱和线，即熔渣组成在 *DE* 线上时，渣中的 MgO 和 CaO 含量同时达到了饱和，因此靠近 *DE* 线组成的炉外精炼渣对 MgO-CaO 材料的侵蚀性应该是甚小的。表5-2列出了1600℃时 MgO 与 CaO 同时达到饱和时的熔渣化学组成。

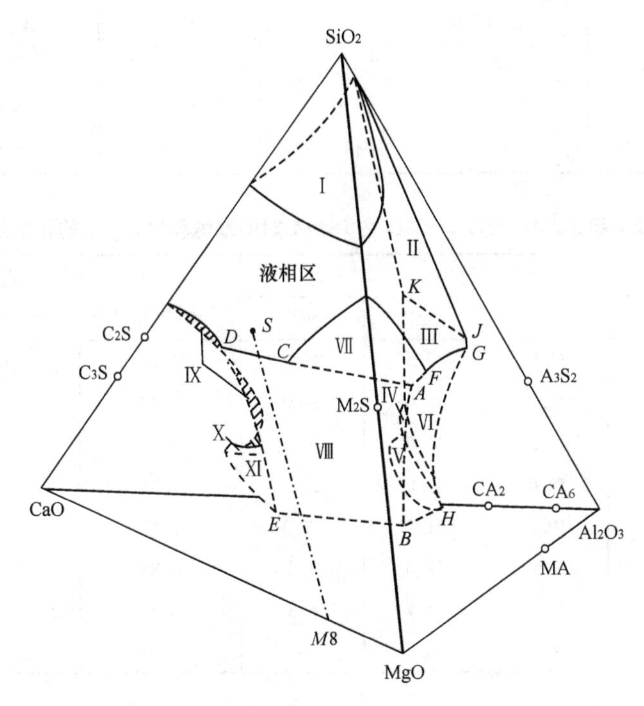

图5-2 1600℃时 $CaO-MgO-Al_2O_3-SiO_2$ 系的液相区和饱和面

Ⅰ—SiO_2；Ⅱ—A_3S_2；Ⅲ—Al_2O_3；Ⅳ—CA_6；Ⅴ—CA_2；Ⅵ—MA；Ⅶ—M_2S；Ⅷ—MgO；Ⅸ—C_2S；Ⅹ—C_3S；Ⅺ—CaO

从表5-2可以得出，在 *DE* 线上：

(1) 饱和渣中 CaO 含量甚高，其质量分数皆在44%~56%。

表 5-1 图 5-2 中相应各点的化学组成

点	质量分数/%			
	MgO	CaO	SiO_2	Al_2O_3
A	24.5	29.5	30.0	16.0
B	16.5	30.0	0	53.5
C	33.3	25.6	41.0	0
D	17.8	43.5	38.7	0
E	9.0	53.5	0	37.5
F	36.2	0	41.1	22.7
G	16.3	0	40.1	43.6
H	4	27	0	69
J	14.1	0	42.3	43.6
K	0	13.3	45.9	40.8

表 5-2 图 5-2 中 MgO 与 CaO 在 1600℃时的双饱和线 *DE* 上的化学组成

质量分数/%				$m(CaO)/m(SiO_2)$	$m(Al_2O_3)/m(SiO_2)$
Al_2O_3	MgO	CaO	SiO_2		
0	17.8	43.5	38.7	1.12	0
5.0	16.0	45.0	34.0	1.32	0.15
10.0	13.5	46.0	30.5	1.51	0.33
15.0	12.0	47.0	26.0	1.81	0.58
20.7	10.0	51.3	18.0	2.85	1.15
25.0	9.5	56.0	9.5	5.89	2.60
30.0	9.3	54.7	6.5	8.30	4.60
37.5	9.0	53.5	0		

（2）随着渣中 Al_2O_3 含量的增加，渣中 MgO 与 SiO_2 含量下降，尤以 SiO_2 下降特别明显。

（3）饱和渣中 MgO 与 CaO 质量分数总和基本保持在 60%左右，而 Al_2O_3 与 SiO_2 质量分数总和则保持在 38%左右。

（4）随着 $m(CaO)/m(SiO_2)$ 与 $m(Al_2O_3)/m(SiO_2)$ 的增加，饱

和渣中 MgO 含量减少；当$m(CaO)/m(SiO_2)$ 与 $m(Al_2O_3)/m(SiO_2)$ 分别增至 2.85 与 1.15 以后，渣中 MgO 含量下降甚小，即采用 MgO-CaO 材料作炉外精炼设备衬砖时，渣中碱度与 $m(Al_2O_3)/m(SiO_2)$ 分别在 2.8 与 1.2 左右较为适宜。

（5）采用白云石造渣，既可提高渣的碱度，又可增加渣中 MgO 含量，使熔渣组成接近 MgO 与 CaO 的双饱和线。

图 5-2 中点 *A* 是方镁石、MA、M_2S 和液相中的平衡共存点，*AB* 线是 MgO 与 MA 的双饱和线。从点 *A* 与 *B* 的组成知，*AB* 线上的 CaO 质量分数都在 30%左右。若假设 *AB* 为一直线，可近似地算出双饱和线上各点的大致组成，其结果示于表 5-3。

从表 5-3 和图 5-2 可知在镁质衬砖上同时析出 MgO 与 MA 时熔渣的化学组成和最低 Al_2O_3 含量：当 MgO、SiO_2 与 CaO 的含量满足 *AB* 线上的要求时，只要 Al_2O_3 含量大于 *AB* 线所示的值，熔渣组成就进入 MA 饱和面，从而在衬砖上只析出 MA 固相，形成 MA 保护层。即要形成 MA 保护层，渣中 Al_2O_3 质量分数必须大于 16%。当渣中 Al_2O_3 与 MgO 含量达到要求值时，渣的碱度则要低于相应值。

表 5-3 图 5-2 中 MgO 与 MA 的双饱和线 *AB* 上的化学组成

质量分数/%				$m(CaO)/m(SiO_2)$
Al_2O_3	MgO	SiO_2	CaO	
16.0	24.5	30.0	29.5	0.98
20.0	23.2	27.1	29.7	1.1
25.0	22.2	23.9	29.7	1.2
30.0	21.2	19.0	29.8	1.6
35.0	20.2	15.0	29.8	2.0
40.0	19.2	10.9	29.9	2.7
45.0	18.2	6.8	30.0	4.4
50.0	17.2	2.8	30.0	10.7
53.5	16.5	0	30.0	

在讨论炉外精炼渣对碱性耐火材料的侵蚀时，均要涉及 MgO 在渣中的溶解度，即图 5-2 中的 MgO 和 MA 等的饱和面。当渣中 MgO

含量达饱和时，耐火材料中的 MgO 自然就很难再向渣中溶解了。因此，MgO 在渣中的溶解度图是很有用的。为此，根据图 5-2 中各点与表 5-1、表 5-2 所示的 *DE*、*AB* 线上的组成，经过近似计算，笔者绘制了 1600℃时 MgO 在 $CaO-SiO_2-Al_2O_3$ 渣中的等溶解度曲线，如图5-3所示。下面举例来说明图 5-3 的用处。

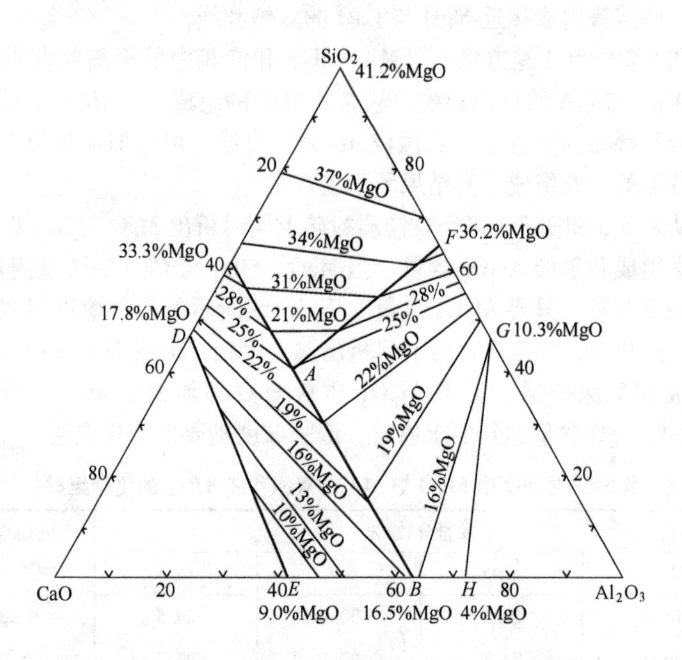

图 5-3 1600℃时 MgO 在 $CaO-SiO_2-Al_2O_3$ 渣中的溶解度

（1）以 VHD 法冶炼轴承钢的终渣，其原组成中 CaO、SiO_2、Al_2O_3 与 MgO 的质量分数分别为 43.90%、11.40%、24.33%、13.76%，总和为 93.60%。将此渣的原组成换算成 $CaO-SiO_2-Al_2O_3-MgO$ 四元系，则换算后 MgO 质量分数为 14.7%；同时将该渣中 CaO、SiO_2 与 Al_2O_3 的原质量分数按 $CaO-SiO_2-Al_2O_3$ 三元系换算，换算后分别为 55.0%、14.4%、30.6%。将该渣的化学组成标记在图 5-3 中，由其组成点的位置可知 MgO 在该渣中的溶解度大致为 11%（质量分数）。这就表明，该 VHD 终渣中 MgO 的实际质量分数（14.7%）已超过了其饱和值（11%）。

（2）若将 AOD 冶炼超低碳不锈钢时的出钢渣组成（各成分的质量分数为：CaO 27.4%，SiO_2 30.6%，Al_2O_3 23.9%，MgO 10.4%，FeO 1.7%，Cr_2O_3 2.9%，MnO 2.5%）标记在图 5-3 中，则其组成点位置在 *AB* 线右侧靠近 MgO 溶解度为 22%处。将该渣按 $CaO-SiO_2-Al_2O_3-MgO$ 四元系计算，MgO 实际质量分数只有 11.3%。显然，该渣中的 MgO 远未达到饱和，还可继续从衬砖中吸取 MgO。若加入轻烧白云石造渣，使精炼过程中炉渣的 MgO 量接近或达到图 5-3 所示的饱和值，自然就能有效减轻炉渣对衬砖的侵蚀了。

（3）根据绘制的 $CaO-SiO_2-Al_2O_3-MgO$ 四元系在 1600℃时的液相区和饱和面图（见图 5-2），可以估算出含80%（质量分数）MgO与20%（质量分数）CaO的MgO-CaO耐火材料（组成点为 *M*）在组成（质量分数）为 CaO 40%、SiO_2 40%、Al_2O_3 10%、MgO 10%的精炼渣（组成点为 *S*）中熔蚀时，精炼渣与 MgO-CaO 材料边界处的饱和浓度。其方法是：首先将渣的组成换算成 $CaO-SiO_2-MgO$ 三元系，在三角形 $CaO-SiO_2-MgO$ 面上确定一位置，由此位置向 Al_2O_3 端元连线，根据 Al_2O_3 含量即可确定炉渣组成点 *S* 的空间位置，如图 5-2 所示，则 MgO-CaO 材料组成点 *M* 与熔渣组成点 *S* 的连线与 MgO 饱和面的交点 *b*，即为 MgO-CaO 耐火材料与熔渣边界处氧化物的饱和浓度。从 $CaO-SiO_2-Al_2O_3-MgO$ 四元系在不同 Al_2O_3 含量时 MgO 饱和面上 1600℃等温线的组成数据，用待定系数法求出靠近 *b* 点的 MgO 饱和面方程式为：$(\%\,Al_2O_3) = 0.61(\%\,CaO) - 1.4(\%\,SiO_2) + 1.55(\%\,MgO)$。从点 *S* 与点 *M* 的组成和 MgO 饱和面方程式即可得出边界处的饱和度（质量分数）为：MgO 25.2%，CaO 36.8%，SiO_2 33.6%，Al_2O_3 8.4%。即，在精炼渣与 MgO-CaO 材料边界处，MgO 与 CaO 的饱和度（质量分数）分别为 25.25%与 36.8%。从该精炼渣的组成可知，精炼渣中 $w(CaO) = 40\%$，已超过其饱和度 36.8%，因此 MgO-CaO 材料中的 CaO 不会溶解到渣中，而 MgO 则会向渣中溶解，其溶解速度 J_{MgO} 可根据公式

$$J_{MgO} = \frac{D}{\delta}\Delta C_{MgO} = \frac{D}{\delta}\left(C_{MgO饱和} - C_{MgO,渣}\right)$$

计算。其中，$\Delta C_{MgO} = 25.2\% - 10\% = 15.2\%$。显然，$\Delta C_{MgO}$ 值越小，

溶解速度 J_{MgO} 也越小。若渣中 MgO 质量分数增至15%，则 ΔC_{MgO} = 25.2%−15%=10.2%，溶解速度 J_{MgO} 就降低1/3，从而减轻精炼渣对MgO-CaO 材料的侵蚀。

（4）对于 MgO 与 CaO（C_2S 或 C_3S）双饱和的饱和线 *DE*，精炼温度不同，其组成是不相同的。例如：

1）在1700℃时 CaO（C_2S 或 C_3S）与 MgO 双饱和线的熔渣化学组成如表5-4所示。若精炼温度为1700℃，精炼渣中 $w(Al_2O_3)$ = 5%，则根据 CaO-SiO_2-Al_2O_3-MgO 四元系在 $w(Al_2O_3)$ = 5%的截面相图（见图5-4）可知，其饱和渣的组成（质量分数）为：MgO 15%、CaO 45%、SiO_2 35%、Al_2O_3 5%。即 $w(MgO)>15\%$ 和 $w(CaO)>45\%$ 的 CaO-SiO_2-Al_2O_3-MgO 渣在1700℃下对 MgO-CaO 材料的侵蚀应是最小的。

2）对于镁铝尖晶石或镁铬耐火材料，其主晶相为 MgO 与 MgO·Al_2O_3 或（Mg，Fe）O·（Cr，Al，Fe）$_2O_3$。从图5-2可见，1600℃时 MgO 与 MgO·Al_2O_3（MA）的双饱和线为 *AB*。若精炼温度为1650℃，精炼渣中 $w(Al_2O_3)$ = 30%，则 MgO·Al_2O_3 与 MgO 双饱和渣中 CaO、MgO 与 SiO_2 的含量可从图5-5中的相应点 *X* 读出，其组成（质量分数）为：Al_2O_3 30%，MgO 28.5%，CaO 22.5%，SiO_2 19%。这一双饱和观点已在近年来一些提高 VOD 与 AOD 炉用 MgO-CaO、MgO-CaO-C 与镁铬炉衬的寿命中得到证实。

表5-4　1700℃时 CaO-SiO_2-Al_2O_3-MgO 四元系中 MgO 与 CaO（C_2S 或 C_3S）双饱和线的化学组成

质量分数/%				$m(CaO)$ / $m(SiO_2)$
Al_2O_3	MgO	CaO	SiO_2	
0	15.9	48.5	35.6	1.36
5.0	15.0	45.0	35.0	1.29
10.0	12.7	50.0	27.3	1.83
15.0	11.9	58.1	15.2	3.82
20.0	9.4	59.4	11.2	5.30
25.0	10.1	56.8	8.0	7.10

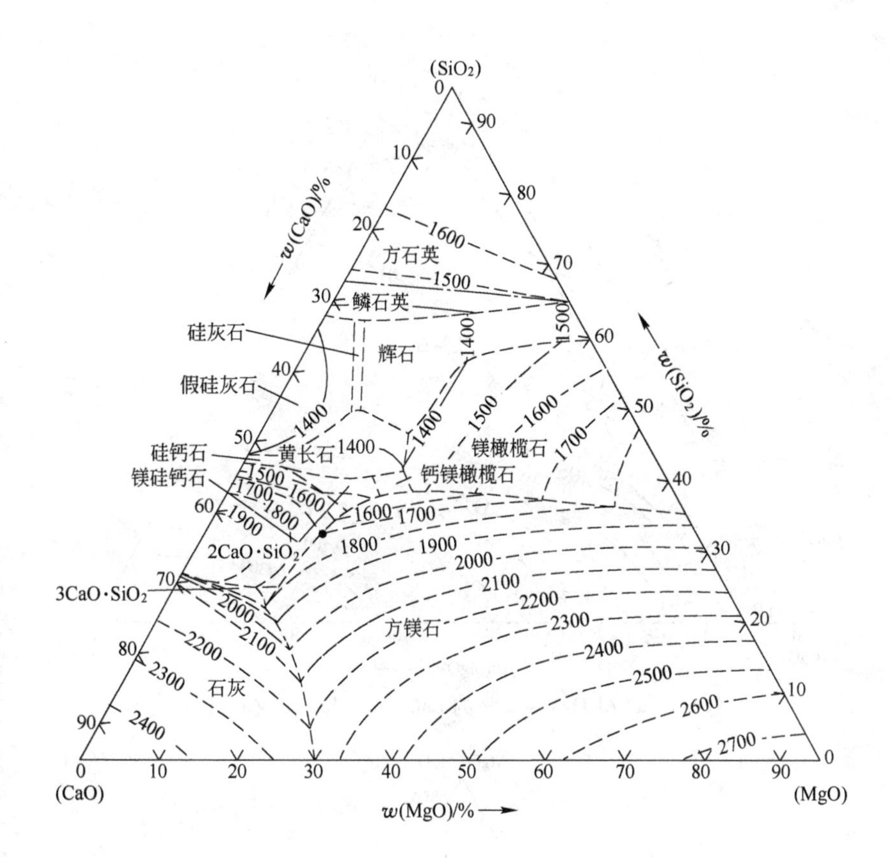

图 5-4 $w(Al_2O_3)$ = 5%的 CaO-SiO_2-MgO 组成的相图

MgO-Al_2O_3-CaO-SiO 四元系中，其 MgO-MgO · Al_2O_3-2CaO · SiO_2 系如图 5-6 所示，其 MgO · Al_2O_3-2CaO · SiO_2 系如图 5-7 所示。

图 5-8a 与图 5-8b 示出了镁铝质耐火材料经废弃物熔融炉 CaO/SiO_2 比为 0.5~1.0 熔渣熔蚀的情况。MgO 质耐火氧化物熔解在 CaO/SiO_2 比为 0.5~1.0 的熔渣之中后，其液相温度都低。

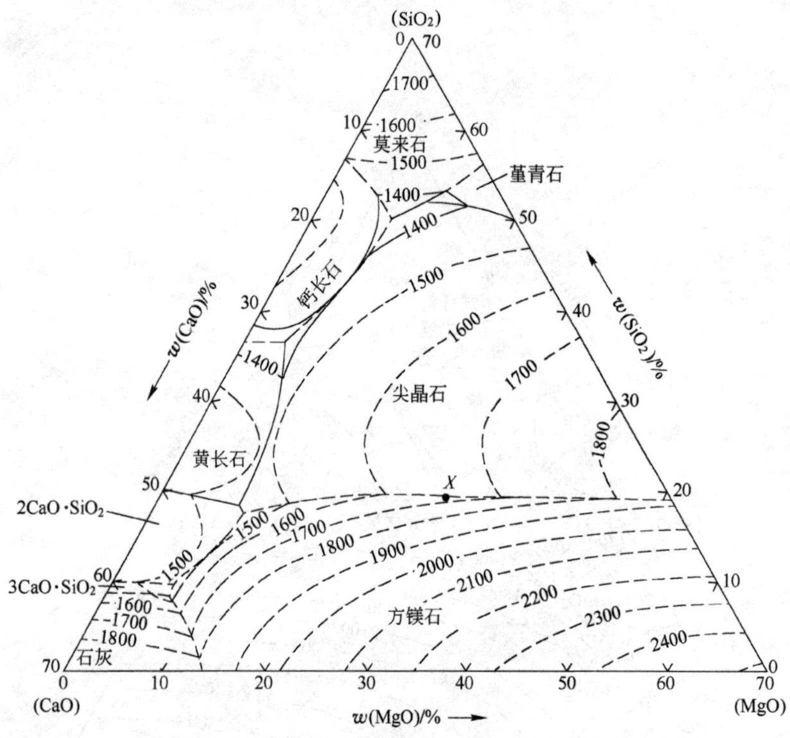

图 5-5　$w(Al_2O_3)=30\%$的 $CaO-SiO_2-MgO$ 组成的相图

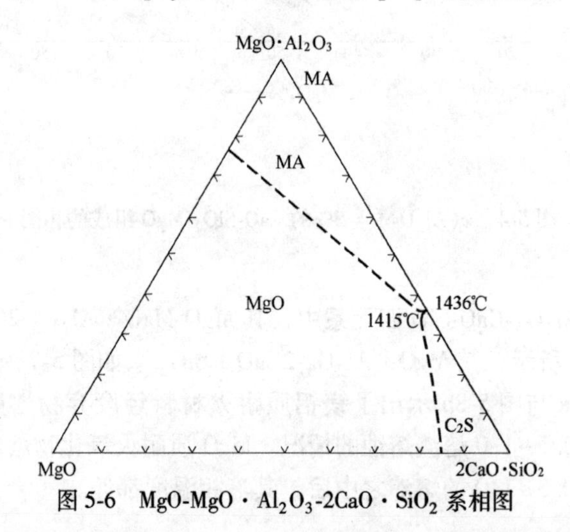

图 5-6　$MgO-MgO\cdot Al_2O_3-2CaO\cdot SiO_2$ 系相图

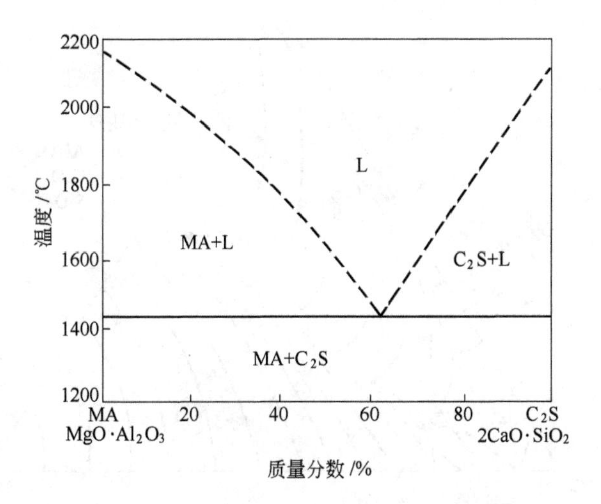

图 5-7 MgO · Al_2O_3-2CaO · SiO_2 系相图

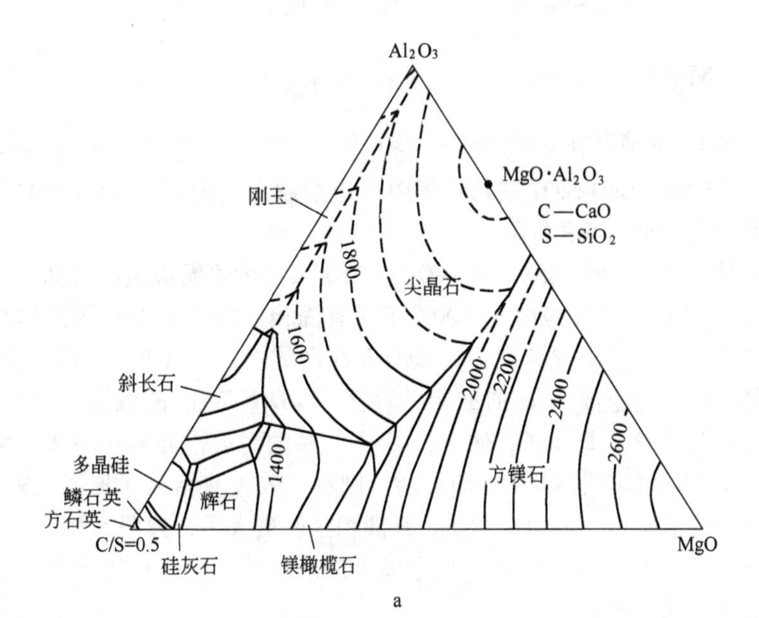

a

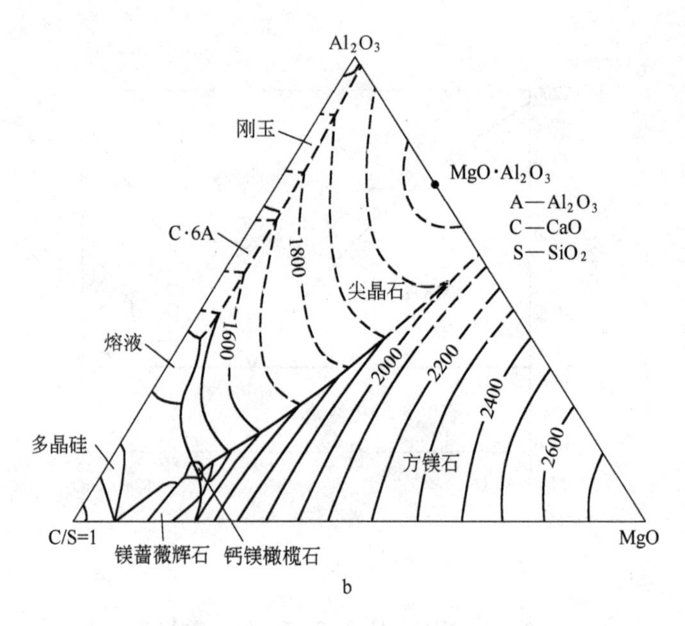

图 5-8 MgO-Al_2O_3-C/S 系相图

a—MgO-Al_2O_3-C/S=0.5；b—MgO-Al_2O_3-C/S=1

5.2 MgO-CaO-SiO_2-FeO_n 四元系相图

从有 Fe 液存在时的 MgO-CaO-FeO_n、CaO-SiO_2-FeO_n、MgO-SiO_2-FeO_n 与 MgO-CaO-SiO_2 三元系相图可以绘制出它们在 1600℃时的等温截面图，如图 5-9 所示。

从图 5-9 中的 MgO-CaO-FeO_n 在 1600℃时的等温截面图可知：组成在 MgO-CaO-*B* 区域内，1600℃下只有固相（Mg、Fe）O_{ss} 固溶体与 CaO 存在，不会出现液相；在 CaO-*B*-*D* 区域内，是（Mg、Fe）O_{ss} 固溶体、CaO 与组成为 *D* 的液相共存区；*G*-*D*-*E*-FeO_n 区域为液相区，但液相区不大，即 FeO_n 对 MgO-CaO 材料的耐火性能影响不大。然而，当 MgO-CaO 材料中含 SiO_2 时，则有一较大液相区（见图 5-9），若同时含有 FeO_n 与 SiO_2 杂质，其液相区就更大了，如图 5-10 所示。因此，MgO-CaO 材料抗有色重金属火法冶炼铁硅渣（FeO_n-SiO_2 渣）的侵蚀是很差的。

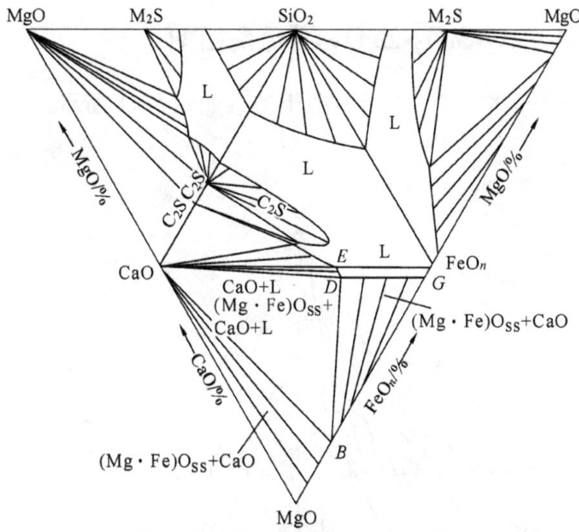

图 5-9 在 1600℃有 Fe 液存在时，$MgO-CaO-FeO_n$、$CaO-SiO_2-FeO_n$、$MgO-SiO_2-FeO_n$ 与 $MgO-CaO-SiO_2$ 系等温截面图

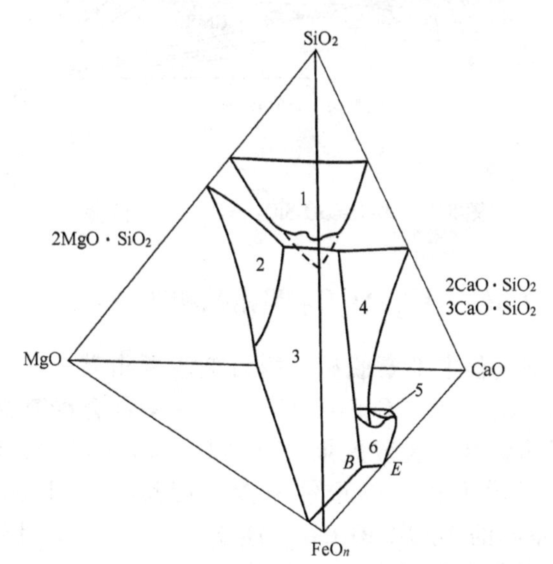

图 5-10 1600℃时 $MgO-CaO-SiO_2-FeO_n$ 系相图

饱和面：1—SiO_2；2—2(Mg，Fe，Ca)O · SiO_2；3—(Mg，Fe，Ca)O_2；4—2CaO · SiO_2；5—3CaO · SiO_2；6—(Ca，Fe，Mg)O

5.3　$MgO-CaO-SiO_2-ZrO_2$ 四元系相图

$MgO-CaO-SiO_2-ZrO_2$ 四元系中相关系如图 5-11 所示。

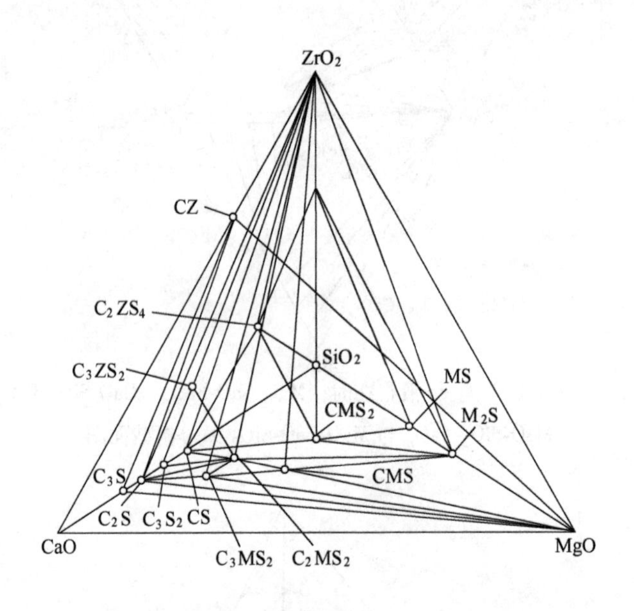

图 5-11　$MgO-CaO-SiO_2-ZrO_2$ 中的相关系

5.4　$MgO-CaO-CaF_2-Al_2O_3$ 四元系相图

钢的精炼过程中都要脱硫。脱硫剂主要由萤石与石灰构成，属 $CaF_2-CaO-Al_2O_3$ 系。$CaF_2-CaO-Al_2O_3$ 一般都会在钢液中保留一定时间，以达到好的脱硫效果。而 $CaF_2-CaO-Al_2O_3$ 渣熔点较低，流动性好，对耐火材料的侵蚀与渗透很厉害。图 5-12 示出了 Al_2O_3 含量不同的 $MgO-CaO-CaF_2-Al_2O_3$ 系在 1600℃ 时的液相区。从中可知，当渣中同时存在有 CaF_2 与 Al_2O_3 时，液相区显著扩展。这说明 MgO 或 MgO-CaO 材料在抗 $CaF_2-CaO-Al_2O_3$ 渣熔蚀方面是不好的。

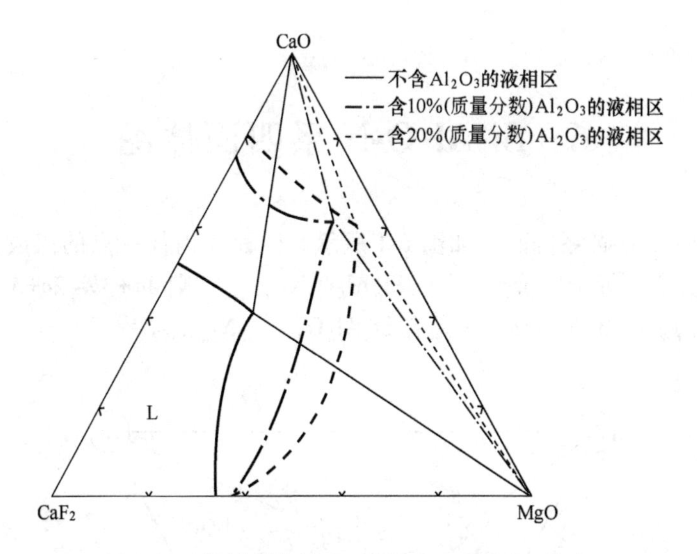

图 5-12 含不同量 Al_2O_3 的 MgO-CaO-CaF$_2$-Al$_2$O$_3$ 系在 1600℃时的液相区

6 Si-Al-O-N 系四面体图

Si-Al-O-N 系四面体如图 6-1 所示。四面体内任一点的组成，其正价数必须等于负价数。如：$Si_aAl_bO_cN_{1-a-b-c}$，则 $4a+3b=2c+3(1-a-b-c)$，$c=3-7a-6b$，于是有 $Si_aAl_bO_{3-7a-6b}N_{6a+5b-2}$。

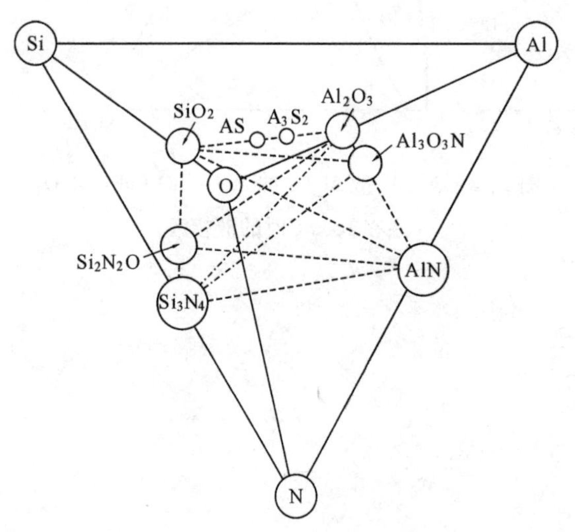

图 6-1　Si-Al-O-N 系四面体图

AS—$Al_2O_3 \cdot SiO_2$；A_3S_2—$3Al_2O_3 \cdot 2SiO_2$

7 凝聚相稳定存在区域图——优势区相图或热力学参数图

对于一些 M-N-O 系及 M-C-N-O 系（M 代表金属元素），可以根据其热力学数据绘制出凝聚相稳定存在区域图或热力学参数图，从这些图可以确定非氧化物或其复合耐火材料在合成或烧成时的工艺条件。

7.1 Si-N-O 系热力学参数图

在 Si-N-O 系中有实际意义的凝聚相有 Si、Si_3N_4、Si_2N_2O 与 SiO_2。由 SiO_2、Si_3N_4、Si_2N_2O 的标准生成吉布斯自由能与温度的关系，可求得：

$$Si(s) + O_2(g) = SiO_2(s) \tag{7-1}$$

$$\Delta_f G^{\ominus}_{SiO_2} = -904760 + 173.38T \quad \lg(p_{O_2}/p^{\ominus}) = -47253/T + 9.05$$

$$Si(l) + O_2(g) = SiO_2(s) \tag{7-2}$$

$$\Delta_f G^{\ominus}_{SiO_2} = -946350 + 197.64T \quad \lg(p_{O_2}/p^{\ominus}) = -49425/T + 10.32$$

$$3Si(s) + 2N_2(g) = Si_3N_4(s), \tag{7-3}$$

$$\Delta_f G^{\ominus}_{Si_3N_4} = -722836 + 315.01T \quad \lg(p_{N_2}/p^{\ominus}) = -18876/T + 8.23$$

$$3Si(l) + 2N_2(g) = Si_3N_4(s) \tag{7-4}$$

$$\Delta_f G^{\ominus}_{Si_3N_4} = -874456 + 405.01T \quad \lg(p_{N_2}/p^{\ominus}) = -22835/T + 10.58$$

$$2Si(s) + N_2(g) + 0.5O_2(g) = Si_2N_2O(s) \tag{7-5}$$

$$\Delta_f G^{\ominus}_{Si_2N_2O} = -850571 + 230.57T \quad \lg(p_{N_2}/p^{\ominus}) + 0.5\lg(p_{O_2}/p^{\ominus}) = -44423/T + 12.04$$

$$2Si(l) + N_2(g) + 0.5O_2(g) = Si_2N_2O(s) \tag{7-6}$$

$$\Delta_f G^{\ominus}_{Si_2N_2O} = -951651 + 290.57T$$

$$\lg(p_{N_2}/p^{\ominus}) + 0.5\lg(p_{O_2}/p^{\ominus}) = -49702/T + 15.18$$

$$2Si_3N_4(s) + 1.5O_2(g) = 3Si_2N_2O(s) + N_2(g) \qquad (7\text{-}7)$$

$$\Delta_f G_4^{\ominus} = -1106047 + 61.69T$$

$$\lg(p_{N_2}/p^{\ominus}) - 1.5\lg(p_{O_2}/p^{\ominus}) = -57765/T - 3.22(p_{N_2}/p^{\ominus})$$

$$2/3Si_2N_2O(s) + O_2(g) = 4/3SiO_2(s) + 2/3N_2(g) \qquad (7\text{-}8)$$

$$\Delta_f G_5^{\ominus} = -627233 + 69.81T$$

$$2/3\lg(p_{N_2}/p^{\ominus}) - \lg(p_{O_2}/p^{\ominus}) = 32758/T - 3.65$$

根据上列各式，可绘制出在不同温度如1350℃、1450℃时，不同氧压与氮压下，Si_2、Si_3N_4、Si_2N_2O 与 SiO_2 稳定存在区域图，如图 7-1 所示。从图 7-1 可知，在 $p_{N_2} = 101.325\text{kPa} = p^{\ominus}$ 时，即 $\lg(p_{N_2}/p^{\ominus}) = 0$ 时，在1350℃下要将 Si 氮化为 Si_3N_4，要求 N_2 气中的氧分压是非常小的：$\lg(p_{O_2}/p^{\ominus}) = -24, p_{O_2}/p^{\ominus} = 10^{-24}, p_{O_2} \approx 10^{-25}\text{MPa}$，即要求 N_2 很纯。

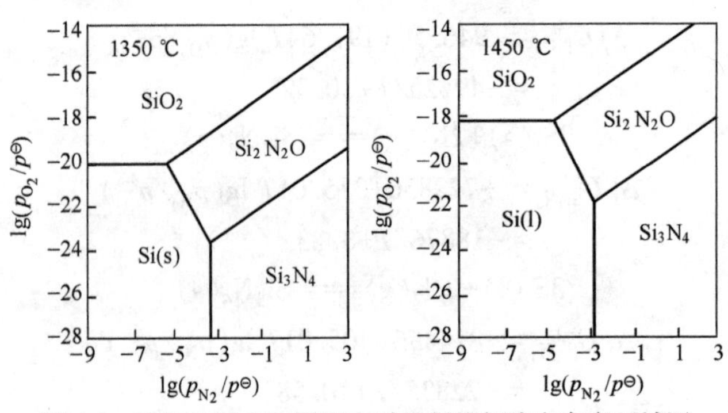

图 7-1　Si-N-O 系在不同温度时的凝聚相稳定存在区域图

7.2　Al-N-O 系热力学参数图

在 Al-N-O 系中可以存在的凝聚相有 Al、AlN、Al_2O_3 以及 AlON。

AlON 是指 AlN 与 Al_2O_3 的尖晶石固溶体，其组成可以 $Al_{23}O_{27}N_5$ 为代表。温度在 1640℃以下时，AlON 在热力学上是不稳定的，要分解为 AlN 与 Al_2O_3。因此，温度在 1640℃以下时，Al-N-O 系的凝聚相只有 Al、AlN 与 Al_2O_3；而在 1640℃以上时，其凝聚相则有 Al、AlN、AlON 与 Al_2O_3。

类似于 Si-N-O 系，可由 AlN、Al_2O_3 与 AlON 的标准生成吉布斯自由能与 T 的关系求得：

$$2Al(l)+1.5O_2(g)═══Al_2O_3(s) \qquad (7\text{-}9)$$

$$\Delta_f G^{\ominus}_{Al_2O_3}=-1682900+323.24T \lg(p_{O_2}/p^{\ominus})$$
$$=-58597/T+11.25$$

$$Al(l)+0.5N_2(g)═══AlN(s) \qquad (7\text{-}10)$$

$$\Delta_f G^{\ominus}_{AlN}=-326477+116.4T \lg(p_{N_2}/p^{\ominus})$$
$$=34108/T-12.16$$

$$2AlN(s)+1.5O_2(g)=Al_2O_3(s)+N_2(g) \qquad (7\text{-}11)$$

$$\Delta_f G^{\ominus}_{11}=\Delta_f G^{\ominus}_{Al_2O_3}-2\Delta_f G^{\ominus}_{AlN}=-1029946+90.44T$$

$$1.5\lg(p_{O_2}/p^{\ominus})-\lg(p_{N_2}/p^{\ominus})=-53791/T+4.72$$

$$23Al(l)+13.5O_2(g)+2.5N_2(g)═══Al_{23}O_{27}N_5(s) \qquad (7\text{-}12)$$

$$\Delta_f G^{\ominus}_{AlON}=-16467302+3324.11T$$

$$13.5\lg(p_{O_2}/p^{\ominus})+2.5\lg(p_{N_2}/p^{\ominus})=-860046/T+173.61$$

$$Al_{23}O_{27}N_5(s)+9N_2(g)═══23AlN(s)+13.5O_2(g) \qquad (7\text{-}13)$$

$$\Delta_f G^{\ominus}_{13}=8958331-646.91T$$

$$9\lg(p_{N_2}/p^{\ominus})-13.5\lg(p_{O_2}/p^{\ominus})=467868/T-33.78$$

$$Al_{23}O_{27}N_5(s)+3.75O_2(g)═══11.5Al_2O_3+2.5N_2(g) \qquad (7\text{-}14)$$

$$\Delta_f G^{\ominus}_{14}=-2886048+393.15T$$

$$3.75\lg(p_{O_2}/p^{\ominus})-2.5\lg(p_{N_2}/p^{\ominus})=150730/T+20.53$$

根据上列各式，可绘制出 Al-N-O 系在 1450℃与 1700℃时各凝聚相稳定存在区域图，如图 7-2 所示。从中可以看出，即使在 1700℃，AlON 稳定存在的区域也是狭窄的，对氧分压与氮分压的要求甚严，较难控制。

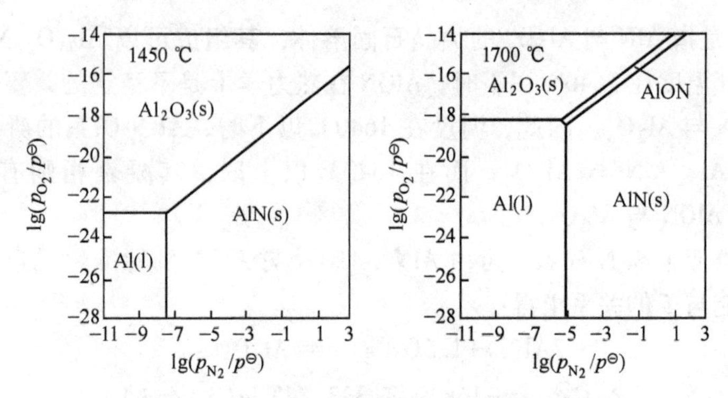

图 7-2 Al-N-O 系在 1450℃、1700℃时各凝聚相稳定存在区域图

7.3 Si-N-O 系与 Al-N-O 系热力学参数叠加图

将图 7-1 中 1450℃时的 Si-N-O 系与图 7-2 中1450℃时的 Al-N-O 系热力学参数图叠加在一起，即得图 7-3。从图 7-3 可知 Si-Al-N-O 系在 1450℃时 Si_2N_2O(s)与 Al_2O_3(s)共存对氧压与氮压的要求。Si_2N_2O(s)与 Al_2O_3(s)共存区要求的条件就相当于 O′-SiAlON 存在需要的条件(见下文 8.2 节的内容)。

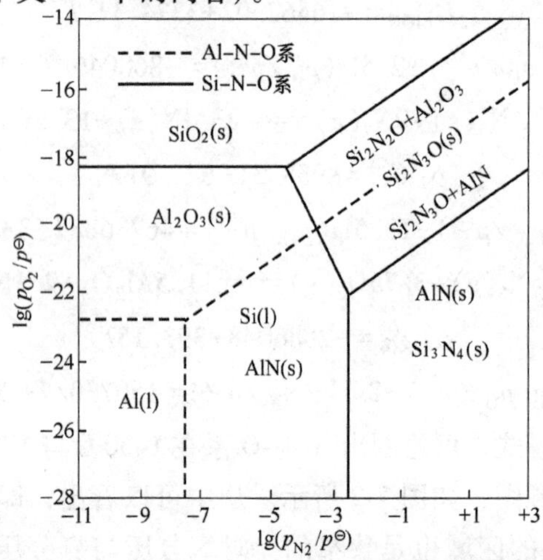

图 7-3 Si-N-O 系与 Al-N-O 系在 1450℃时的凝聚相稳定存在区叠加图

7.4 碳过剩时 Si-C-N-O 系凝聚相稳定存在区域图

Si-C-N-O 系凝聚相稳定存在区域图对含碳耐火材料以及在空气中埋炭烧成含碳制品与非氧化物及复合材料制品都是很有用的。在 Si-C-N-O 系中有重要实际意义的凝聚相有 Si、SiC、Si_3N_4、Si_2N_2O、SiO_2 与 C。

烧成含碳耐火材料或耐火非氧化物及其复合制品一般是将其埋于炭粒中在大气中烧成的。不烧含碳耐火材料又多在大气中于高温下使用。根据碳氧化反应 $C + O_2 = CO_2$、$2C + O_2 = 2CO$ 或 $C + CO_2 = 2CO$ 的热力学计算或试验结果可知，当温度超过 1000℃时，气相中的 O_2 几乎全部转变为 CO。

大气中 N_2 与 O_2 的含量大致为：$p_{N_2}/p_{总} = 0.79$，$p_{O_2}/p_{总} = 0.21$。在固体碳过剩存在的高温下，气相中的 O_2 几乎全部转变为 CO，因此其气相几乎只有 CO 与 N_2 构成。由于 1mol 的 O_2 生成 2mol 的 CO，$p_{总} = p^{\ominus}$，因此气相中 CO 与 N_2 的含量为：$p_{CO}/p^{\ominus} = (2\times0.21)/(2\times0.21+0.79) = 0.35$，$p_{N_2}/p^{\ominus} = 0.79/(2\times0.21+0.79) = 0.65$。由 SiC、$SiO_2$、$Si_3N_4$、$Si_2N_2O$ 与 CO 的标准生成吉布斯自由能与 T 的关系可以求得下列反应的 $\Delta G^{\ominus}$ 与 T 的关系如下：

$$SiC+2CO = SiO_2+3C \tag{7-15}$$

$$\Delta_f G_1^{\ominus} = 603150+331.98T$$

$$RT\ln(p_{CO}/p^{\ominus}) = -301575+165.99T$$

$$3SiC+2N_2 = Si_3N_4+3C \tag{7-16}$$

$$\Delta_f G_2^{\ominus} = -531256+293.41T$$

$$RT\ln(p_{N_2}/p^{\ominus}) = -265628+146.70T$$

$$2SiC+CO+N_2 = Si_2N_2O+3C \tag{7-17}$$

$$\Delta_f G_3^{\ominus} = -608451+301.94T$$

$$RT\ln(p_{CO}/p^{\ominus}) + RT\ln(p_{N_2}/p^{\ominus}) = -608451+301.94T$$

$$Si_2N_2O+3CO = 2SiO_2+N_2+3C \tag{7-18}$$

$$\Delta_f G_4^{\ominus} = -597849+362.02T$$

$$3RT\ln(p_{CO}/p^{\ominus}) + RT\ln(p_{N_2}/p^{\ominus}) = -597849+362.02T$$

$$4/3Si_3N_4+2CO \xlongequal{} 2Si_2N_2O+2/3N_2+2C \tag{7-19}$$

$$\Delta_f G_5^{\ominus}=-508561+212.67T,$$

$$2RT\ln(p_{CO}/p^{\ominus})-2/3RT\ln(p_{N_2}/p^{\ominus})=-508561+212.67T$$

由上列关系式可绘出在一定 p_{N_2} 或 $p_{N_2}/p^{\ominus}$ 时反应式（7-15）~式（7-19）的 $RT\ln(p_{CO}/p^{\ominus})$ 与 T 的关系曲线。当 $p_{N_2}/p^{\ominus}=1$ 或 0.65 时，其 $RT\ln(p_{CO}/p^{\ominus})$-$T$ 曲线如图 7-4 所示。从图 7-4 可知：

（1）若将含有 Si_3N_4 的材料在大气中埋炭加热到 1400℃，由于气氛为 $p_{N_2}/p^{\ominus}=0.65$ 与 $p_{CO}/p^{\ominus}=0.35$，因此 Si_3N_4 将是不稳定的，会转化为 Si_2N_2O。

（2）在 $p_{N_2}/p^{\ominus}=0.65$ 与 $p_{CO}/p^{\ominus}=0.35$ 的气氛下，当温度低于 1280℃时，SiO_2 稳定；当温度在 1280~1680℃之间时，Si_2N_2O 稳定；当温度高于 1680℃时，SiC 是稳定的，而 Si_3N_4 则是不稳定的。

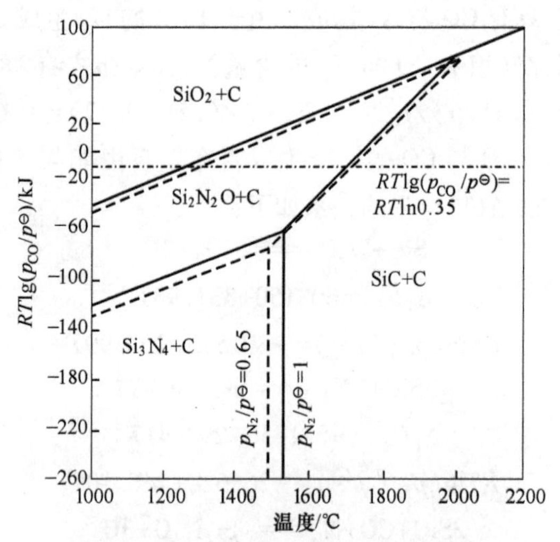

图 7-4　Si-C-N-O 系在 $p_{N_2}/p^{\ominus}=1$ 或 0.65 时的 SiC、Si_3N_4、Si_2N_2O 与 SiO_2 稳定存在区域图

——$p_{N_2}/p^{\ominus}=1$ 时的边界线；

---$p_{N_2}/p^{\ominus}=0.65$ 时的边界线；

-·-·-$p_{CO}/p^{\ominus}=0.35$ 时的 $RT\ln(p_{CO}/p^{\ominus})$ 线

7.5 碳过剩时 Al-C-N-O 系凝聚相稳定存在区域图

Al-C-N-O 系中有实际意义的凝聚相有 Al、Al_4C_3、AlN、AlON、Al_2O_3 与 C。其中，AlON 在 1640℃以下时热力学上是不稳定的，而且其高温时存在的区域狭窄，为了简便，以下讨论时不予考虑。由已有的热力学数据可求得下列反应的 $\Delta G^{\ominus}$ 与 T 的关系：

$$Al_4C_3+6CO \xlongequal{} 2Al_2O_3+9C \tag{7-20}$$

$$\Delta_f G_1^{\ominus}=-2412880+1064.87T$$

$$2AlN+3CO \xlongequal{} Al_2O_3+N_2+3C \tag{7-21}$$

$$\Delta_f G_2^{\ominus}=-686746+347.75T$$

$$Al_4C_3+2N_2 \xlongequal{} 4AlN+3C \tag{7-22}$$

$$\Delta_f G_3^{\ominus}=-1039388+369.37T$$

由上列反应的 $\Delta_f G^{\ominus}$ 与 T 的关系可绘出在一定 p_{N_2} 或 $p_{N_2}/p^{\ominus}$ 时反应式(7-20)～式(7-22)的 $RT\ln(p_{CO}/p^{\ominus})$-$T$ 关系线，如图 7-5 所示。从

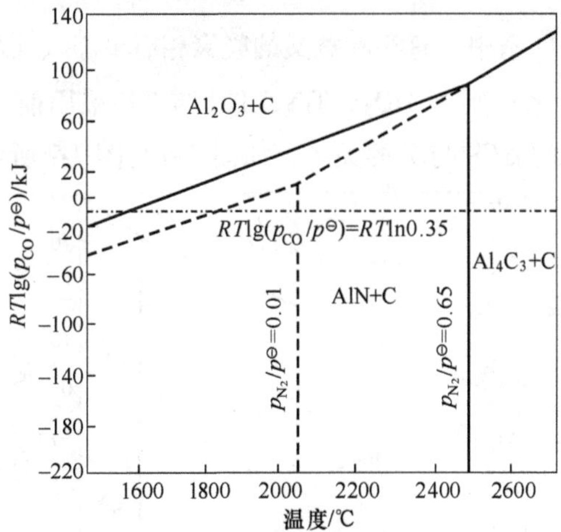

图 7-5 Al-C-N-O 系在 $p_{N_2}/p^{\ominus}=0.65$ 或 0.01 时，Al_2O_3、AlN、Al_4C_3 的稳定存在区域图

—— $p_{N_2}/p^{\ominus}=0.65$ 时的边界线；

------ $p_{N_2}/p^{\ominus}=0.01$ 时的边界线；

-·-·- $p_{CO}/p^{\ominus}=0.35$ 时的 $RT\ln(p_{CO}/p^{\ominus})$ 线

图可知，在 $p_{N_2}/p^{\ominus}=0.65$ 与 $p_{CO}/p^{\ominus}=0.35$ 的气氛中，当温度低于1570℃时，Al_2O_3 稳定；高于 1570℃，AlN 稳定；而在更高的温度（2400℃以上），Al_4C_3 才是稳定的。

从图 7-5 还可知，在采用 Al_2O_3 由碳电极埋弧生产电熔刚玉时，在 Al_2O_3 熔体与碳电极的接触处，因 p_{N_2} 较低而会有 Al_4C_3 生成。这种含有 Al_4C_3 的电熔刚玉原料，若用于大型高炉出铁沟的 Al_2O_3-SiC-C 浇注料中，烘烤时会发生反应：

$$Al_4C_3+12H_2O \longrightarrow 4Al(OH)_3+3CH_4\uparrow \tag{7-23}$$

$$2Al(OH)_3 \longrightarrow \gamma\text{-}Al_2O_3+3H_2O\uparrow \tag{7-24}$$

有气体逸出，从而将导致出铁沟材料产生疏松、膨胀、开裂与粉化现象。为了避免电熔刚玉中 Al_4C_3 的生成，生产中一般采取氧化熔融或加入添加剂来消除 Al_4C_3 的生成，而生成不易水化的碳化物。

7.6 碳过剩存在下 B-C-N-O 系与 Ti-C-N-O 系凝聚相稳定存在区域图

在 B-C-N-O 系中，有实际意义的凝聚相有 B_2O_3、BN、B_4C 与 C，而在 Ti-C-N-O 系中则有 TiO_2、TiN、TiC 与 C。采用前面类似方法可求得下列反应的 $\Delta G^{\ominus}$ 与 T 的关系，如图 7-6 与图 7-7 所示。

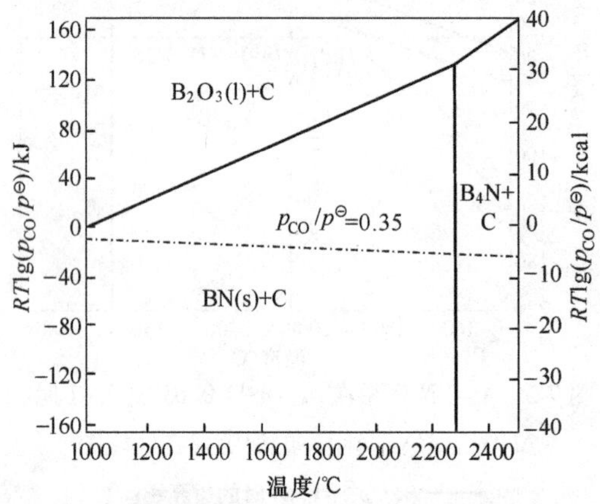

图 7-6 B-C-N-O 系在 $p_{N_2}/p^{\ominus}=0.65$ 时的 B_4C、BN 与 B_2O_3 稳定存在区域图

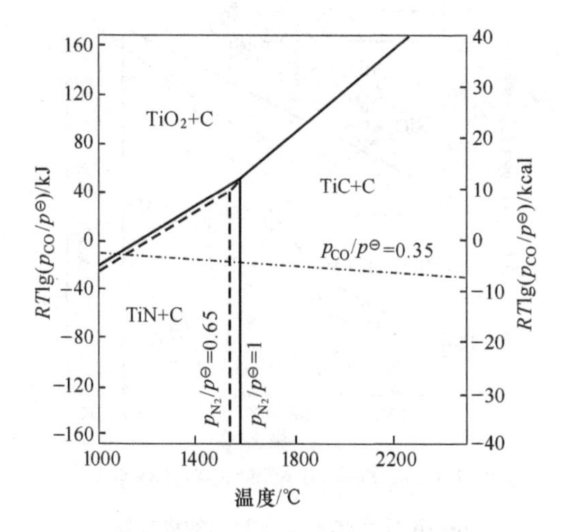

图 7-7 Ti-C-N-O 系在 $p_{N_2}/p^{\ominus}=1$ 或 0.65 时的 TiC、TiN 与 TiO_2 稳定存在区域图

$$B_4C(s)+6CO(g) = 2B_2O_3(l)+7C(s) \tag{7-25}$$

$$2BN(s)+3CO(g) = B_2O_3(l)+N_2(g)+3C(s) \tag{7-26}$$

$$B_4C(s)+2N_2(g) = 4BN(s)+C(s) \tag{7-27}$$

$$TiC(s)+2CO(g) = TiO_2(s)+3C(s) \tag{7-28}$$

$$2TiN(s)+4CO(g) = 2TiO_2(s)+N_2(g)+4C(s) \tag{7-29}$$

$$2TiC(s)+N_2(g) = 2TiN(s)+2C(s) \tag{7-30}$$

7.7 Si-C-N-O 系与 B-C-N-O 系叠加图

从图 7-8 可以看出，在一定条件下 BN 可以与 Si_3N_4、Si_2N_2O、SiC 或 SiO_2 共存。在其共存区域条件下，可以制得含 BN 的复合制品。例如：水平连铸用的连接环可以由 BN 与 Si_3N_4 或 BN 与 Si_2N_2O 构成的 BN-Si_3N_4 或 BN-Si_2N_2O 复合材料。若将 BN-Si_3N_4 复合材料在大气中埋炭加热，在 1250 ~1650℃ 可能转化成 BN 和 Si_2N_2O，在 1650℃ 以上则可能转化成 BN 和 SiC。

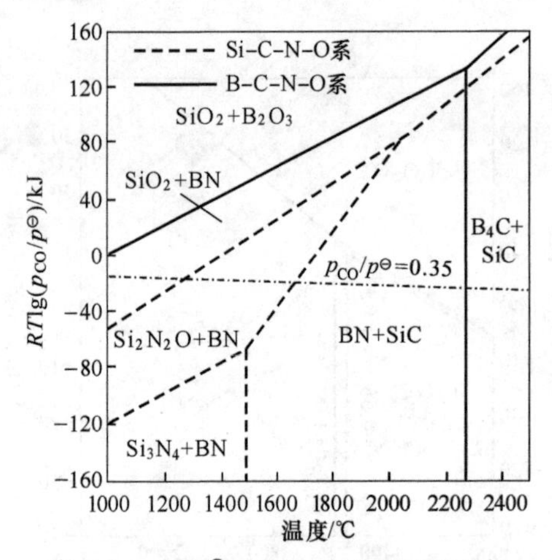

图 7-8 $p_{N_2}/p^{\ominus}=0.65$ 时 Si-C-N-O 系与 B-C-N-O 系热力学参数图的叠加图

7.8 Si-O-C 系相图

Si-O-C 系中 SiO_2、SiO、SiC 与 C 稳定存在的区域如图 7-9 所示。图中：点 A 所处的条件是 CO 与固相 SiC、C 、SiO_2 及气相 SiO 共存

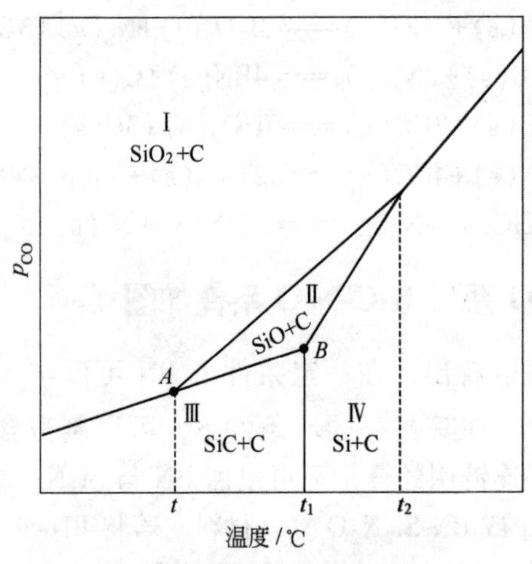

图 7-9 Si-O-C 系相图

的条件；Ⅰ区是 SiO_2 与 C 共存区，Ⅱ区是 SiO 与 C 共存区，Ⅲ区是 SiC 与 C 共存区，Ⅳ区是 Si 与 C 共存区。当 $p = 0.1MPa$ 时，$t_1 = 2760℃$。

生产 SiC 时，取决于反应 $SiO_2 + 3C = SiC + 2CO$；使用 SiC 材料时，可通过反应 $SiC + 2O_2 = SiO_2 + CO_2$ 在材料表面形成良好的 SiO_2 膜。

8 三元交互（交换）体系

如果四种物质存在互换反应：AB+CD ⇌ AD+CB，则这种体系称为三元交互（或交换）体系，其相图称为四角相图。对于这种互换反应体系，只要确定其中两种物质的浓度变量，就可算出其全部组元的组成。

8.1 三元交互体系的组成表示方法

三元交互体系在恒压时的最大自由度$f=C-P+1=3-1+1=3$。3个独立变量中包含2个组成变量和1个温度变量。为了表示出四种物质的相互关系，组成变量可用一个正方形来表示，称为浓度正方形。垂直于正方形平面的方向表示温度变量。因此交互三元系相图是一个以正方形为底的柱体，称之为四角相图。浓度正方形4个顶角的物质应写成当量式而不是分子式。例如：对于反应

$$Si_3N_4+2Al_2O_3 = 4AlN+3SiO_2 \tag{8-1}$$

其浓度正方形（如图8-1所示）的4个顶角应分别写为Si_3N_4、$2(Al_2O_3)$、$4(AlN)$、$3(SiO_2)$，或写成Si_3N_4、$(Al_2O_3)_2$、$(AlN)_4$、$(SiO_2)_3$，还可写成Si_3N_4、Al_4O_6、Al_4N_4、Si_3O_6；但经常直接写为Si_3N_4、$2Al_2O_3$、$4AlN$、$3SiO_2$。把不具有相同元素的化合物放在对角线的两端。

组成的表示方法也应以当量式来表示，即以4个顶角的物质来作为计算的基准。

三元交互反应AB+CD ⇌ AD+CB如图8-2所示。正方形4个顶角分别表示纯的AB、CB、CD和AD四种物质，其不具有相同元素的两种化合物应在对角线的两端。取四种化合物中任意三种如AB、CD、AD为3个独立组元，则有AB%+CD%+AD%=100%。正方形的每边为100等分。

在正方形表示的交互系相图中，以物质的量分数表示组成比用质

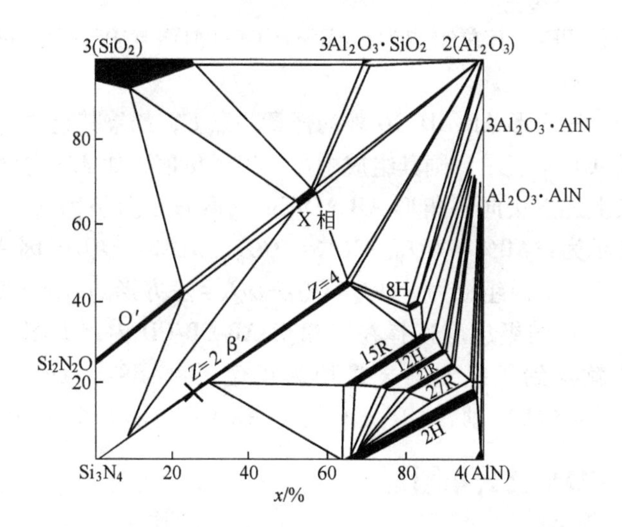

图 8-1 SiO_2-Si_3N_4-AlN-Al_2O_3 交互系图（约 1750℃时）

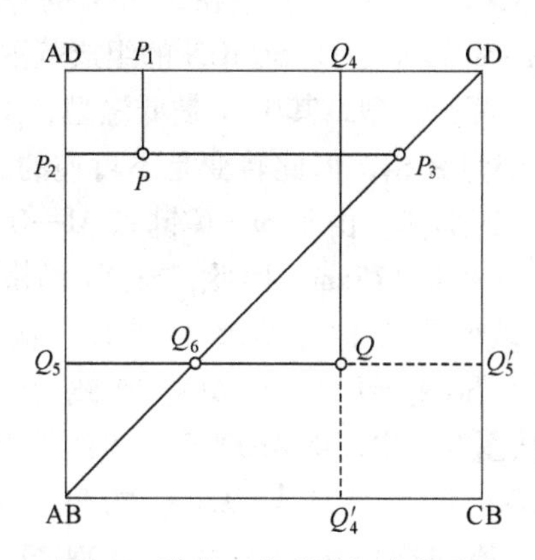

图 8-2 浓度正方形的组成表示法

量分数更方便。采用三元交互体系相图表示组成时，图中任意一点的组成可按下列方法读出。

例如：三角形 AB-AD-CD 内任意一点 P 的组成可用线段长度表示。首先由点 P 向三角形两直角边引垂线，交两边分别于 P_1、P_2 两点，再反向延长垂线 PP_2（也可是 PP_1），与正方形对角线相交于点 P_3，则 P 点的组成可用以下线段的长度来表示：AB% = PP_1，CD% =

PP_2，AD%=PP_3。其总组成为：AB%+CD%+AD%= $PP_1+PP_2+PP_3$=正方形边长=100%。

再如：三角形 AB-AD-CD 外的任意一点 Q，如果其组成仍以三角形 AB-AD-CD 来表示，则其组成中可能出现负值，如 AD 的含量即为负值。按上述方法向三角形 AB-AD-CD 的两直角边引垂线，则 Q 点的组成表示为：AB%= QQ_4，CD%= QQ_5，AD%= QQ_6。因 AD 的含量为负值，则其总组成为：$QQ_4+QQ_5-QQ_6$=正方形边长=100%。实际上，此 Q 点的组成应选择在三角形 AB-CB-CD 内，见图 8-2 中虚线，这样就得到各组元的含量均为正值了：AB%= QQ'_5，CD%= QQ'_4，AD%= QQ_6。则有 $QQ'_5+QQ'_4+QQ_6$=正方形边长=100%。

8.2 SiAlON 及其相图

作为耐火材料用的 SiAlON，主要是 β′-SiAlON 与 O′-SiAlON。在图 8-1 所示 SiO_2-Si_3N_4-AlN-Al_2O_3 交互系在 1750℃ 的等温截面图中，β′与 O′区域分别是 β′-SiAlON 与 O′-SiAlON 的组成范围。

Si_3N_4 有 α 和 β 两种晶型，其中 α 是低温型，β 是高温型。α 相在一定温度下能转变为 β 相，但此转变是不可逆的。β-Si_3N_4 是类似 SiO_2 结构的［SiN］四面体，由于 Si—N 键和 Al—O 键的键长十分相近，分别为 0.174nm 和 0.175nm；因此，Si_3N_4 晶格中的 Si—N 键能被 Al—O 键取代，从而形成 β′-SiAlON 固溶体。从图 8-1 可见，β′-SiAlON 仅存在于 Si_3N_4-Al_2O_3 · AlN 连线上，其分子式为 $Si_{6-Z}Al_ZO_ZN_{8-Z}$。从图 8-1 中β′-SiAlON组成线的长度可知 Z 值在0~4.2 之间。O′-SiAlON 是 Si_2N_2O 与 Al_2O_3 的固溶体，其分子式为 Si_{2-x}-$Al_xO_{1+x}N_{2-x}$，x 值同样可由图中 O′-SiAlON 组成线的长度来确定,其 x 值在 0 至 0.2 或 0.3 之间。

下面简单介绍一下如何对图 8-1 所示的 SiO_2-Si_3N_4-AlN-Al_2O_3 交互系相图识图。首先是组成表示法。在此相图中，其当量交换反应为：

$$Si_3N_4 + 2Al_2O_3 \Longrightarrow 4AlN + 3SiO_2 \qquad (8\text{-}2)$$

即 1mol 的 Si_3N_4 相当于 2mol 的 Al_2O_3，4mol 的 AlN，3mol 的 SiO_2，或者说 3 个 Si 原子相当于 4 个 Al 原子，6 个 O 原子相当于 4 个 N 原

子。由于此正方形的 4 个顶角已用当量交换反应的 Si_3N_4、$2(Al_2O_3)$、$4(AlN)$、$3(SiO_2)$ 的当量表示了，因此其纵、横坐标的刻度用物质的量分数表示与用当量表示是相同的。下面以 β′-SiAlON 来具体说明。

β′-SiAlON是物质的量比为1 : 1 的 Al_2O_3 和 AlN 溶于 β-Si_3N_4 中形成的，其反应式为：

$$(2-Z/3)Si_3N_4 + Z/3Al_2O_3 + Z/3AlN \xlongequal{} Si_{6-Z}Al_ZO_ZN_{8-Z}(s) \tag{8-3}$$

当 $Z=2$ 时，β′-SiAlON 即为 $Si_4Al_2O_2N_6$，其组成按反应式（8-3）为：Si_3N_4 1.333mol，Al_2O_3 0.666mol，AlN 0.666mol；若换成以 Si_3N_4、4(AlN) 与 $2(Al_2O_3)$ 表示，其组成则为：Si_3N_4 1.333mol，$2(Al_2O_3)$ 0.333mol，4(AlN) 0.167mol。因此，$Si_4Al_2O_2N_6$ 中各组成的物质的量分数为：

$$x(Si_3N_4) = 1.333 \div (1.333+0.333+0.167) \times 100\% = 72.7\%$$

$$x(2Al_2O_3) = 0.333 \div (1.333+0.333+0.167) \times 100\% = 18.2\%$$

$$x(4AlN) = 0.167 \div (1.333+0.333+0.167) \times 100\% = 9.1\%$$

由此组成即可从图 8-1 的横坐标刻度标出 $x(Si_3N_4) = 72.7\%$ 的位置，由纵坐标标出 $x(2Al_2O_3) = 18.2\%$ 的位置，从而可确定 $Z=2$ 的 β′-SiAlON 在图8-1 中的组成点为左下角“×”所处的位置。

当 $Z=4$ 时，根据反应式（8-3）有：

$$2/3Si_3N_4(s) + 4/3Al_2O_3(s) + 4/3AlN(s) \xlongequal{} Si_2Al_4O_4N_4 \tag{8-4}$$

其在图 8-1 中的组成点位置确定，可先由 2mol Si_3N_4、4mol Al_2O_3、4mol AlN 换算为 2mol Si_3N_4、2mol $2(Al_2O_3)$ 与 1mol 4(AlN)，然后以物质的量分数表示为：Si_3N_4 40%、$2(Al_2O_3)$ 40%、4(AlN) 20%。由纵坐标$2(Al_2O_3)$ 40%、横坐标 Si_3N_4 40%的位置，即可确定在图中 $Z=4$ 的 β′-SiAlON 组成点位置。

还应指出的是，在这种四边形交换反应的交互体系中，根据四边形对角线不相容规则，只能有一个对角线的两个化合物能稳定共存，另一对角线 $3(SiO_2)$ 与 4(AlN) 是不能稳定共存的。

在 β′-SiAlON 与4(AlN) 之间的区域内还有 15R、12H、21R、

27R 与 2H 等多型体（R 代表斜方，H 代表六方），它们具有 AlN 纤维型结构，称为 AlN 多型体。它们中的金属与非金属的原子数比为 $m:(m+1)$，其化学式可写为 M_mX_{m+1}。

在 $3(SiO_2)-Si_3N_4-2(Al_2O_3)$ 构成的三角形内，对耐火材料最有意义的是 O′-SiAlON，它是 Si_2N_2O 与 Al_2O_3 的固溶体。其反应式为：

$$(2-x)Si_2N_2O + xAl_2O_3 = 2Si_{2-x}Al_xO_{1+x}N_{2-x} \tag{8-5}$$

x 值为 0 至 0.2 或 0.3 之间：当 $x=0$ 时，即为 Si_2N_2O；当 $x=0.2$ 时，则为 $Si_{1.8}Al_{0.2}O_{1.2}N_{1.8}$。由于 β′-SiAlON 与 O′-SiAlON 中都溶有一定量 Al_2O_3，因此它们的抗氧化性都较 Si_3N_4 与 Si_2N_2O 的强。

在 $3(SiO_2)-Si_3N_4-2(Al_2O_3)$ 组成的三角形内还有 X-SiAlON 相，组成范围较狭小。若体系的原始组成点位于 O′-SiAlON 相区，当有过量的 Al_2O_3 存在时，总组成点即落在 O′-SiAlON 相区与X-SiAlON相区之间，就会出现 X-SiAlON 相，同时还有高 SiO_2 的含 N 液相产生。

8.3　AlON 与 MgAlON

在 AlN-Al_2O_3 系中存在多种氧氮化铝相。根据其晶体结构可大致分为纤维锌矿结构与尖晶石结构。属纤维锌矿结构的氧氮化铝相常被称为 AlN 多型体，如图 8-3 中标以 H 与 R 的各种多型体。在图 8-1 所示的 $SiO_2-Si_3N_4-AlN-Al_2O_3$ 交互系相图中，靠近 AlN 角的区域也有 H 与 R 的多型体。具有尖晶石型结构，被称为 γ-AlON 的氧氮化铝，在 AlN-Al_2O_3 相图中 $x(AlN)=27\%\sim40\%$的一固溶体区域，其固溶区范围随温度的降低而减小。这一尖晶石固溶体区域通常简称为 AlON，见图 8-3 与图 8-4。具有尖晶石型结构的还有 φ′相。γ-AlON 的化学式可写为：$Al_{(64+x)/3}(V_{Al})_{(8-x)/3}O_{(32-x)}N_x$。式中，$V_{Al}$是尖晶石中阳离子空位，$0\leqslant x\leqslant 8$。例如，$x=5$ 的 AlON 分子式为 $Al_{23}O_{27}N_5$，即 $9Al_2O_3 \cdot 5AlN$。

AlON 具有不为熔渣与铁液润湿的特点，其线膨胀系数与镁铝尖晶石几乎相同，热导率与刚玉相近。在铁沟料中引入 AlON，发现能大幅度提高其抗侵蚀性与抗热震性，同时还不影响其施工性能。有资料介绍，在 Al_2O_3-C 质滑动水口中引入 AlON，发现其扩孔比未引入 AlON 的要低 20%。AlON 结合的尖晶石滑板的抗氧化、耐磨性、抗

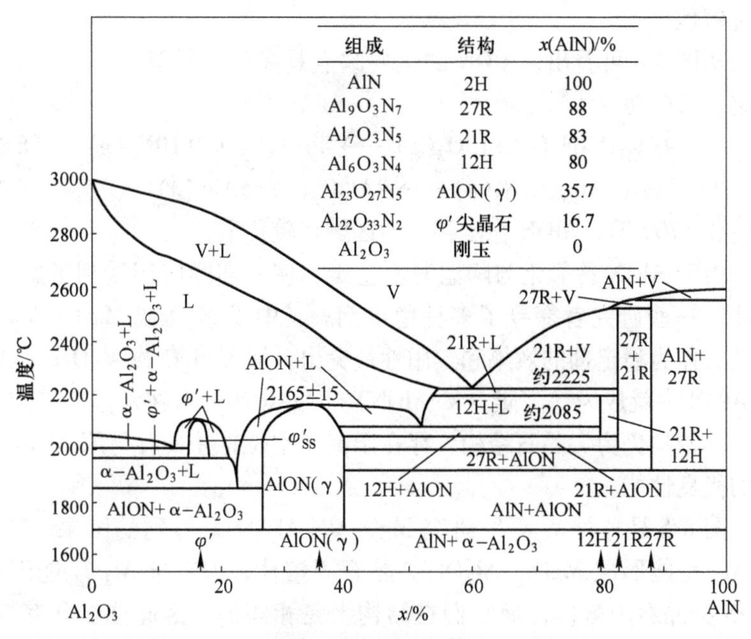

图 8-3 AlN-Al_2O_3 系相图（p_{N_2} = 101.325kPa）

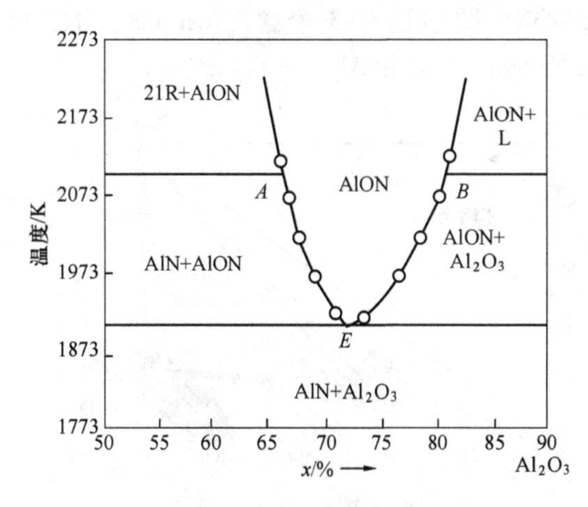

图 8-4 AlN-Al_2O_3 系中 AlON 稳定存在的组成范围

冲刷方面比碳结合的 Al_2O_3-ZrO_2-C 质好。用 AlON 结合的镁铝尖晶石做透气砖，比铬刚玉的抗侵蚀还好。AlON 结合的刚玉材料具有较好的抗碱性。

从图 8-4 可看出，AlON 的主要缺点是高温下易氧化，低温下不稳定、易分解：

$$4Al_{23}O_{27}N_5(s)+15O_2(g) \longrightarrow 46Al_2O_3(s)+10N_2(g) \qquad (8\text{-}6)$$

$$Al_{23}O_{27}N_5(s) \longrightarrow 9Al_2O_3(s)+5AlN(s) \qquad (8\text{-}7)$$

即使在 1700 ℃，AlON 稳定存在的区域也较狭窄。

由于 AlON 易氧化与降温时不稳定，使其实际应用受到了影响。为此，一些研究者探寻了多种稳定剂。其中以 MgO 或 $MgO \cdot Al_2O_3$ 尖晶石作为稳定剂的效果和实用性最突出。加入 MgO 或 $MgO \cdot Al_2O_3$ 到 AlON 中就成为镁阿隆（MgAlON）。MgAlON 可以在常温下稳定存在，其结构仍为尖晶石结构，存在阳离子空位，并具有与原 AlON 一样的优良性能。

图 8-5 是孙维莹等[6] 研究 $MgO\text{-}AlN\text{-}Al_2O_3$ 系得到的结果。MgO 与 Al_2O_3 能形成 $MgO \cdot Al_2O_3$ 尖晶石固溶体，AlN 与 Al_2O_3 能形成 AlON 尖晶石固溶体，而它们在结构上是相同的，因此能彼此互溶，从而构成了图 8-5 中由 $MgO \cdot Al_2O_3$ 与 AlON 组成的固溶体区域 Spinel（ss），即 MgAlON。图中还有 3 个含Spinel（ss）的二相区：MgO + Spinel(ss)、AlN+Spinel(ss)和 Al_2O_3+ Spinel(ss)。

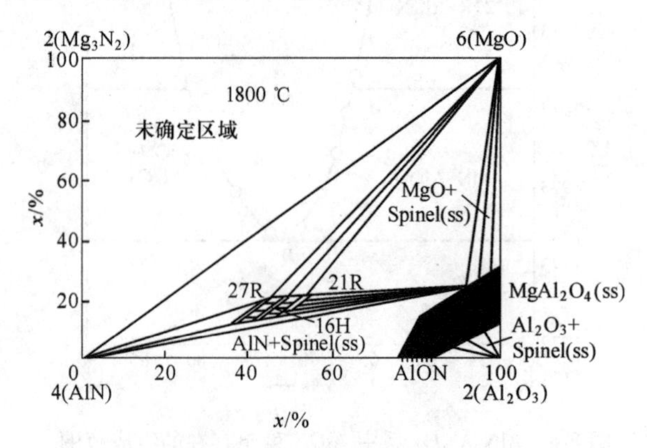

图 8-5　$2(Mg_3N_2)$-4(AlN)-$2(Al_2O_3)$-6(MgO)系内的相关系(1800℃)

图 8-6 为不同温度下 AlN-Al_2O_3-MgO 三元系相图。从中可见:在1400℃时存在的MgAlON+AlN+Al_2O_3 三相区在1750℃时已不存在了;但 MgAlON 固溶体区域却随着温度的升高而扩大。

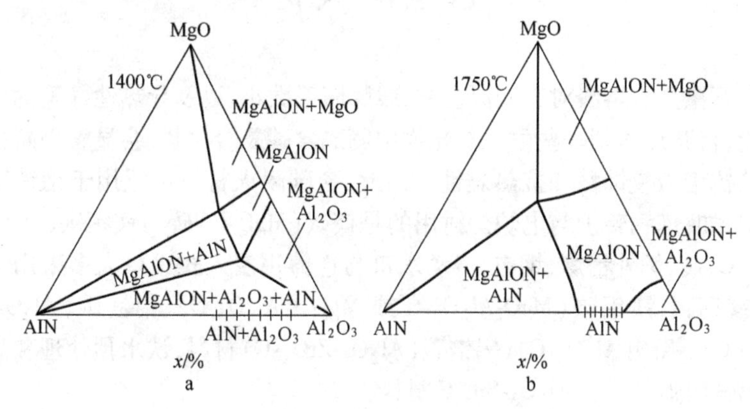

图 8-6 AlN-Al_2O_3-MgO 三元系相图

a—1400℃;b—1750℃

9 含碳耐火材料

石墨具有熔渣对其润湿性差,线膨胀系数小,以及导热性好等优良性能,将其加入到一些耐火氧化物中制成含碳复合材料,会显著提高材料的抗熔渣侵蚀性和抗热震性。因此,含碳耐火材料广泛用于钢铁工业中,如:炼钢转炉与电炉炉衬用的是镁碳(MgO-C)砖与镁钙碳(MgO-CaO-C)砖,炉外精炼、钢包、滑动水口与连铸用浸入式水口大多采用镁碳、镁钙碳、镁铝碳(MgO-Al_2O_3-C 或 $MgO \cdot Al_2O_3$-C)、铝镁碳(Al_2O_3-MgO-C)、铝碳(Al_2O_3-C)、铝锆碳(Al_2O_3-ZrO_2-C)材料,铁水预处理和高炉出铁沟则采用了 Al_2O_3-SiC-C 材料。

用作耐火材料的一些氧化物以及它们之间形成的复合氧化物与碳构成的含碳耐火材料见图 9-1。

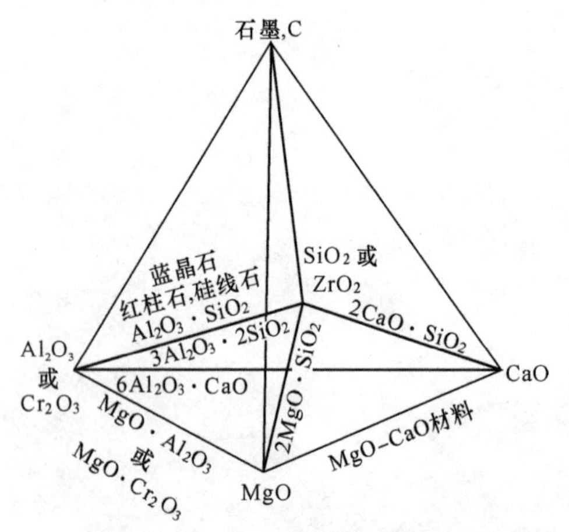

图 9-1 一些耐火氧化物以及它们之间形成的复合氧化物与碳构成的含碳耐火材料示意图

9.1 镁碳材料(MgO-C)

镁碳砖是以电熔镁砂或烧结镁砂与鳞片石墨为主要原料,以酚醛树脂作结合剂生产的不烧含碳耐火材料。结合剂酚醛树脂在热处理时于200~250 ℃固化而使镁碳砖具有较高的常温强度,在高温使用时发生热解和炭化形成碳结合而使镁碳砖具有较高的高温强度。为提高镁碳砖的抗氧化性,常加入 Si 粉、SiC 粉或 Al、Mg 等金属粉作为防氧化剂。

在高温使用过程中,镁砂和石墨能各自保持自己的特性,使镁碳砖具有优良的抗熔渣渗透和侵蚀能力,并具有优良的抗热震性能。

为减轻镁碳砖对钢液增碳的问题,目前国内外都开展了低碳镁碳砖的开发研究工作,使镁碳砖的碳含量降低到3%~4%(质量分数)时仍具有碳含量大于10%(质量分数)的普通镁碳砖的优良性能。

9.2 铝碳材料(Al_2O_3-C)

铝碳材料是以刚玉和石墨为主要原料,以酚醛树脂作结合剂生产的制品。为提高铝碳材料的强度和抗氧化性,通常加入 Al 粉和 Si 粉。在高温热处理或高温使用过程中,铝碳材料中的 C 与 Al、Si 反应生成 Al_4C_3 与 SiC 而将刚玉“桥接”起来,如图 3-34 和图 9-2 所示。

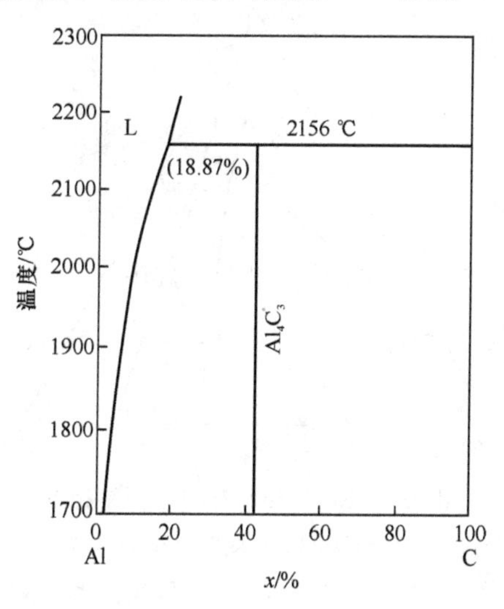

图 9-2 Al-C 系相图

10 水盐系

在不定形耐火材料中要遇到一些盐类的水溶液,即水与盐构成的体系。对水盐系要了解的主要是盐的溶解度。盐的溶解度常以100g 水中溶解盐的质量(g)或物质的量(mol)表示。一般是以温度为横轴,溶解度(组成)为纵轴。在水盐体系中还会遇到生成一系列的水合物,例如,铝酸钙($CaO \cdot Al_2O_3$)与水会生成 $CaO \cdot Al_2O_3 \cdot 5H_2O$($CAH_5$)、$3CaO \cdot Al_2O_3 \cdot 6H_2O$($C_3AH_6$)、$CaO \cdot Al_2O_3 \cdot 10H_2O$($CAH_{10}$)等。

10.1 Na_2O-SiO_2-H_2O 三元系相图，水玻璃

图 10-1 示出了 Na_2O-SiO_2-H_2O 三元系相图，或水玻璃组成对应的情况。

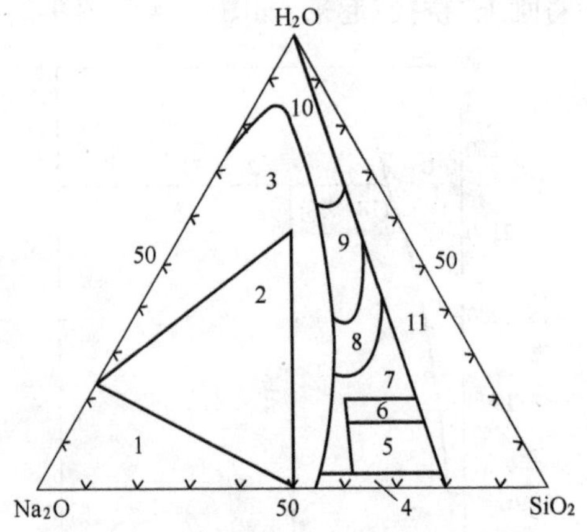

图 10-1 Na_2O-SiO_2-H_2O 三元系相图

区域 1—无水硅酸钠+Na_2O 混合物区；区域 2—结晶性硅酸钠区；区域 3—含部分结晶性硅酸钠混合物区；区域 4—硅酸钠玻璃区；区域 5—水合水玻璃；区域 6—脱水水玻璃；区域 7—半固体；区域 8—黏稠状液体；区域 9—市售硅酸钠溶液（水玻璃）；区域 10—稀薄溶液；区域 11—不稳定凝胶

水玻璃由于结合性能好，价格便宜，容易得到，没有毒性，加热时不产生异味，广泛用于耐火材料的结合剂使用。不仅作为灰浆、可塑料、修补料和硅质火泥的结合剂，而且还作为不烧砖的结合剂。水玻璃的化学组成可用 $R_2O \cdot nSiO_2$ 表示。R_2O 代表 Na_2O 或 K_2O，其 SiO_2 与 Na_2O 的分子数比称为模数。由于 SiO_2 的相对分子质量为 60.1，而 Na_2O 的为 62.0；因此也可以用 SiO_2 与 Na_2O 的质量分数来近似地计算其模数。模数在 0.5 以下的水玻璃实用价值不大，通常不生产；模数>4 的水玻璃很难溶于水，应用不方便。常用的水玻璃，其模数为 1.0~3.6。

水玻璃结合的浇注料或不烧制品，在常温下硬化很慢，而且硬化只在制品表面进行。因此，通常要加入促凝剂氟硅酸钠（Na_2SiF_6），其加入量一般是水玻璃质量的 6%~10%。

10.2 铝酸钙水泥

铝酸钙水泥的化学成分与主要矿物相示于表 10-1。铝酸钙水泥是水硬性水泥，靠加水后发生水化反应生成水化矿物和凝胶而将物料结合起来：

$$2(CaO \cdot Al_2O_3) + 11H_2O \longrightarrow 2CaO \cdot Al_2O_3 \cdot 8H_2O + 2Al(OH_3) \tag{10-1}$$

表 10-1 铝酸钙水泥的化学成分与主要矿物相

水泥类型		质量分数/%				主要矿物相
		Al_2O_3	CaO	SiO_2	Fe_2O_3	
纯铝酸钙水泥	A-70 型	69~71	26~28	<0.1	<0.1	CA，CA_2
	A-75 型	75~76	21~23	<0.1	<0.1	CA_2，CA
	A-80 型	79~81	16~18	<0.1	<0.1	CA，$C_{12}A_7$，α-Al_2O_3
低铁型铝酸钙水泥	普通型	53~56	33~35	5~7	<1.0	CA，CA_2，C_2AS
	早强型	50~55	34~36	4~5	≤3.0	CA，CT，C_2AS
	高强型	64~66	22~24	3~4	<2.0	CA_2，CA，C_2AS
高铁型铝酸钙水泥	一般型	48~49	36~37	4~5	7~10	CA_2，C_4AF，C_2AS
	超高铁型	40~42	38~39	3~4	12~16	CA_2，C_4AF，C_2AS

铝酸钙水泥的组成区位于图 10-2 中的 CA 和 CA_2 初晶区，通常含有 CA、CA_2、$C_{12}A_7$（$12CaO\cdot 7Al_2O_3$）与 C_4AF（$4CaO\cdot Al_2O_3\cdot Fe_2O_3$）等矿物。

CA 具有良好的水硬性，能保证水泥在硬化初期有较高强度；CA_2 与水作用较不剧烈，但 CA_2 熔点高（1765 ℃），耐火性能较好。C_2AS 含量则是随着水泥中 SiO_2 杂质含量的增加而增加。若水泥的组成处在图 10-2 中 C_2AS-CA 连线的右侧时，水泥中的 SiO_2 会全部生成不会水化、无胶凝性也不提供强度的 C_2AS。因此 SiO_2 是铝酸钙水泥中不受欢迎的成分。铝酸钙水泥的组成处于三角形 CA-CA_2-C_2AS 内时才具有好的理化性能。在铝酸钙水泥中的氧化铁可使水泥凝结时间延长，能避免快凝现象。

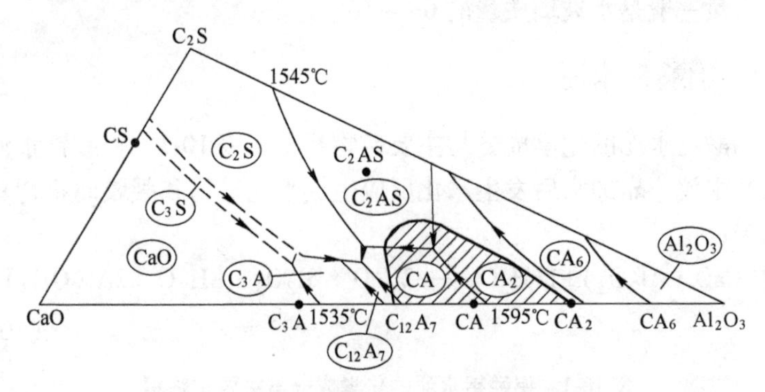

图 10-2 CaO-Al_2O_3-SiO_2 系中 CaO-C_2S-Al_2O_3 局部相区内的相关系

铝酸钙水泥中含少量氧化铁时，Fe_2O_3 会固溶于 CA 中，含氧化铁多时则会形成 C_4AF-C_6A_2F。铝酸钙水泥中各成分的凝结与硬化速度按照 $C_{12}A_7>C_4AF>CA>CA_2$ 的次序递减。

铝酸钙水化时生成的水化物有：铝溶胶 AH_3（$Al_2O_3\cdot 3H_2O$）、CAH_{10}（$CaO\cdot Al_2O_3\cdot 10H_2O$）、$C_2AH_8$（$2CaO\cdot Al_2O_3\cdot 8H_2O$）、$C_3AH_6$（$3CaO\cdot Al_2O_3\cdot 6H_2O$）等。随着养护温度升高，发生的水化反应如下：

21℃以下，有：

$$CaO \cdot Al_2O_3 + 10H_2O \longrightarrow CaO \cdot Al_2O_3 \cdot 10H_2O \qquad (10\text{-}2)$$

$$CaO \cdot 2Al_2O_3 + 13H_2O \longrightarrow CaO \cdot Al_2O_3 \cdot 10H_2O + Al_2O_3 \cdot 3H_2O \qquad (10\text{-}3)$$

21~35 ℃时，有：

$$2(CaO \cdot Al_2O_3) + 11H_2O \longrightarrow 2CaO \cdot Al_2O_3 \cdot 8H_2O + Al_2O_3 \cdot 3H_2O \qquad (10\text{-}4)$$

$$2(CaO \cdot 2Al_2O_3) + 14H_2O \longrightarrow 2CaO \cdot Al_2O_3 \cdot 8H_2O + 2(Al_2O_3 \cdot 3H_2O) \qquad (10\text{-}5)$$

35~50 ℃时，有：

$$3(CaO \cdot Al_2O_3 \cdot 10H_2O) \longrightarrow 3CaO \cdot Al_2O_3 \cdot 2H_2O + 2(Al_2O_3 \cdot 3H_2O) + 22H_2O \qquad (10\text{-}6)$$

$$3(2CaO \cdot Al_2O_3 \cdot 8H_2O) \longrightarrow 2(3CaO \cdot Al_2O_3 \cdot 6H_2O) + 4(Al_2O_3 \cdot 3H_2O) \qquad (10\text{-}7)$$

一般认为：

$$CA \xrightarrow{<21℃} CA_{10} \xrightarrow{21\sim35℃} C_2AH_8 + AH_3 \xrightarrow{>35℃} C_3AH_6 + AH_3$$

$$CA \xrightarrow{21\sim35℃} C_2AH_8 + AH_3$$

可见，水泥的水化并不生成单一的水化物，而是以几种水化物的混晶形式析出。这些水化物中只有 C_3AH_6 与 AH_3 是稳定的。因此，CAH_{10}、C_2AH_8 等随时间延长或温度提高就会转化为 C_3AH_6 和 AH_3。

参 考 文 献

[1] Various Aufhors, Phase Diagrams for Ceramists I-XII Am. Ceramr Soc., (1964 to 1996).

[2] The Verein Deutscher Eisenhuettenleute Ed., Schlachen Atlas, Verlag Staleisen M. B. H. Dumessldorf, 1981.

[3] Jöensson B, Sundman B. Thermochemical applications of Thermo-Calc [J]. High Temp Sci., 1990, 26: 263~273.

[4] Raju A P. 文献题目不详 [J]. J Amer Ceram Soc Bull 1973. 52 (2): 166~170.

[5] Herzog S P. 文献题目不详 [J]. Scand J Met, 1976, 5 (4): 145~149.

[6] 孙维莹，马利泰，严东生. Mg-Al-O-N 系统的相关系 [J]. 科学通报，1990 (3): 200~202.

[7] 陈肇友. 化学热力学与耐火材料 [M]. 北京：冶金工业出版社，2005.

[8] 李楠，顾华志，赵惠忠. 耐火材料学 [M]. 北京：冶金工业出版社，2010.